建筑学专业实习手册

主　审　刘　甦
主　编　黄春华
副主编　任　震　江海涛　谷　郁

中国建筑工业出版社

图书在版编目（CIP）数据

建筑学专业实习手册／黄春华主编．—北京：中国建筑工业出版社，2010.8
ISBN 978-7-112-12265-3

Ⅰ.①建… Ⅱ.①黄… Ⅲ.①建筑学–高等学校–教学参考资料 Ⅳ.①TU

中国版本图书馆 CIP 数据核字（2010）第 134300 号

责任编辑：徐　冉
责任设计：李志立
责任校对：赵　颖　王雪竹

本书附配套素材，下载地址如下：
www.cabp.com.cn/td/cabp19523.rar

建筑学专业实习手册
主　审　刘　甦
主　编　黄春华
副主编　任　震　江海涛　谷　郁

＊

中国建筑工业出版社出版、发行（北京西郊百万庄）
各地新华书店、建筑书店经销
北京嘉泰利德公司制版
廊坊市海涛印刷有限公司印刷

＊

开本：787×1092 毫米　1/16　印张：13¼　字数：288 千字
2010 年 9 月第一版　2020 年 8 月第三次印刷
定价：**42.00** 元（附网络下载）
ISBN 978-7-112-12265-3
　　　　（19523）

版权所有　翻印必究
如有印装质量问题，可寄本社退换
（邮政编码 100037）

前　言

建筑师业务实习是建筑学专业学生在校学习过程中一项重要的实践性教学环节。实习学生需在设计院进行十几周的建筑师业务实习。主要目的是使学生在实际工作环境中，通过亲身参与实习单位的工程实践获得对建设项目设计过程的深入了解，体验所参与的各设计阶段，如：方案设计、初步设计、施工图设计及施工现场服务等具体的工作内容与程序；培养对建筑、结构、设备、材料、构造等专业技术知识的应用能力；加深对建筑专业与各相关专业配合协作的认识；增进学生对建筑师职业的全面了解。因此，这一阶段的教学对于完善学生的专业知识体系与技能、提高职业素质具有重要意义，也是建筑学专业实践性要求使然。

由于学生实习地点较为分散，教师很难针对学生遇到的实际问题给予及时指导，实习单位往往也无法提供系统而有针对性的辅导机制，学生短期内较难适应工作角色。况且，由于各实习单位的实际情况以及学生参与其中的工作机遇不尽相同，学生较难系统地把握工作定位，实习认识难免偏颇，从而影响到最终的实习成效。基于以上原因，我们意在以简明扼要的方式和通俗易懂的语言，着眼于解决学生业务实习整个过程中普遍遇到的问题，从实习之初，如何进行实习准备、申请实习单位，对实习单位、工程建设项目、注册建筑师等问题的初步了解；到实习期间，对相关业务工作的系统认识，对有关建设法规、标准、标准设计等运用的了解；以及实习之后，如何撰写实习报告、应对升学、就业所面临的快题设计考试等来编写便于携带的指导手册，及时帮助学生端正实习态度、熟悉实习环境、找准工作定位，有效开展实习工作，最终获得较好的实习收益。

本书由校内承担实习指导的老师和设计院具有多年工作经验的国家一级注册建筑师共同编写。希望本书能对建筑类院校建筑学专业实习学生有实际的帮助，并且，由于书中涉及建筑设计工作的内容较为系统全面，也可作为刚刚走上建筑设计岗位人员的参考用书。

全书由黄春华主编统稿，各章编写分工具体如下：任震编写第 1 章、第 5 章中第 2 节；江海涛编写第 2 章；谷郁编写第 3 章和附录；黄春华编写第 4 章、第 5 章中第 1 节和网络下载的内容。

衷心感谢山东建筑大学建筑城规学院刘甦院长，山东省建筑设计院康会亭院长、侯朝晖总工、创研所乔永学所长，栋岭伟建筑设计事务所张福岭及张继伟所长，他们的支持与鼓励对本书的编写工作意义重大。承蒙山东省建筑设计院创研所的张栋、种道虎，三分院的王冬、蒋龙、张永忠、徐军，七分院的李刚先生、张兆娜女士的热心支持和无私付出，从而使本书获得了宝贵的原始资料。感谢中国建筑工业出版社徐冉编辑对本书选题策划的肯定和支持。感谢中铁济南勘察设计咨询院有限公司刘保红总工、德州市建筑规划勘察设计研究院商永光院长、山东省城乡规划设计研究院李建泉所长、泰安市建筑设计院有限责任公司凌李总经理、山东典雅建筑设计有限公司李辉总经理、山东省建筑设计研究院泰安建筑设计所刘刚所长、山东联创建筑设计有限公司张心光总经理，在我们筹划编写之初对实习教学和问卷调查给予的热情支持与配合。感谢山东建筑大学建筑城规学院的王瑗瑗、游大卫、刘慧、孙瑞、王真、牛艳丽、李崭等同学为收集设计单位名录所付出的辛勤劳动，还要感谢为本书提供设计、报告等资料的多位同学。此外，编写中参考了大量相关专著、教材、文章、图集等资料，在此一并向诸位作者表示感谢。

由于作者水平有限，书中难免会有疏漏与不足之处，恳请读者、同行和专家学者给予批评指正。

编者
2010 年 7 月

目 录

第 1 章 实习计划的启动 ································· 1
  1.1 实习准备 ··· 2
    1.1.1 实习的意义 ································ 2
    1.1.2 实习的准备工作 ···························· 3
  1.2 设计单位 ··· 4
    1.2.1 设计单位的分类 ···························· 4
    1.2.2 设计单位的资质 ···························· 7
    1.2.3 设计单位的组织模式 ························ 8
    1.2.4 设计单位的机构设置及其岗位职责 ············ 10
    1.2.5 实习单位的选择与申请 ······················ 11
  1.3 工程建设项目 ··································· 15
    1.3.1 工程建设项目简介 ·························· 16
    1.3.2 工程建设项目的基本程序 ···················· 17
  1.4 注册建筑师 ····································· 19
    1.4.1 建筑教育 ·································· 20
    1.4.2 注册建筑师制度 ···························· 21
    1.4.3 注册条件与考试 ···························· 22
    1.4.4 建筑师执业职责 ···························· 24

第 2 章 建筑设计工作 ··································· 27
  2.1 建筑设计工作简介 ······························· 28
    2.1.1 建筑师服务范围 ···························· 28
    2.1.2 设计工作的基本程序和基本内容 ·············· 30
  2.2 方案设计与设计招投标 ··························· 33
    2.2.1 方案设计 ·································· 33
    2.2.2 设计招投标 ································ 36
  2.3 初步设计 ······································· 38
    2.3.1 初步设计阶段建筑专业工作程序 ·············· 38

2.3.2　初步设计阶段建筑专业工作内容 …………………………………… 38
　　　2.3.3　扩大初步设计 ……………………………………………………… 41
　　　2.3.4　初步设计审批 ……………………………………………………… 42
　2.4　施工图设计 …………………………………………………………………… 42
　　　2.4.1　施工图设计阶段建筑专业工作流程 ………………………………… 42
　　　2.4.2　施工图设计阶段建筑专业的工作内容 ……………………………… 43
　　　2.4.3　施工图设计文件内容 ……………………………………………… 43
　　　2.4.4　施工图设计审批 …………………………………………………… 45
　2.5　施工阶段的设计配合 ………………………………………………………… 46
　　　2.5.1　设计交底与图纸会审 ……………………………………………… 46
　　　2.5.2　设计变更与工程洽谈 ……………………………………………… 47
　　　2.5.3　工程验收 …………………………………………………………… 48

第3章　设计工作实例评析 ………………………………………………………… 51
　3.1　方案投标设计实例 …………………………………………………………… 52
　　　3.1.1　方案投标设计工作要点 …………………………………………… 52
　　　3.1.2　方案投标实例评析 ………………………………………………… 54
　3.2　方案报规设计实例 …………………………………………………………… 61
　　　3.2.1　方案报规工作要点 ………………………………………………… 61
　　　3.2.2　方案报规实例评析 ………………………………………………… 64
　3.3　建筑初步设计实例 …………………………………………………………… 89
　　　3.3.1　初步设计工作要点 ………………………………………………… 89
　　　3.3.2　初步设计实例评析 ………………………………………………… 91
　3.4　建筑施工图设计实例 ………………………………………………………… 97
　　　3.4.1　施工图设计工作要点 ……………………………………………… 97
　　　3.4.2　施工图设计实例评析 ……………………………………………… 102
　　　3.4.3　施工图联审及答复 ………………………………………………… 127

第4章　常用法规、标准与标准设计 …………………………………………… 131
　4.1　建设法规 ……………………………………………………………………… 132
　　　4.1.1　建设法规简介 ……………………………………………………… 132
　　　4.1.2　常用建设法规 ……………………………………………………… 134
　4.2　工程建设标准 ………………………………………………………………… 135
　　　4.2.1　工程建设标准简介 ………………………………………………… 135
　　　4.2.2　标准规范（规程）应用要点 ……………………………………… 139
　　　4.2.3　常用现行建筑标准、规范及规程 ………………………………… 140
　4.3　标准设计 ……………………………………………………………………… 143

4.3.1　标准设计简介 …………………………………………………… 143
　　　4.3.2　建筑专业标准图集的选用要点 ………………………………… 147
　　　4.3.3　建筑专业国家标准图集目录 …………………………………… 148
　4.4　其他相关技术资料 ……………………………………………………… 155
　　　4.4.1　《全国民用建筑工程设计技术措施
　　　　　　——规划·建筑·景观》2009JSCS—1 ………………………… 155
　　　4.4.2　《建筑产品选用技术——建筑·装修》2009JSCS—CP1 …… 155
　　　4.4.3　《全国民用建筑工程设计技术措施
　　　　　　——节能专篇 建筑》（2007）…………………………………… 155
　　　4.4.4　《建筑设计资料集》……………………………………………… 156
　　　4.4.5　专业类期刊 ……………………………………………………… 157

第5章　实习总结与快题设计备考 ……………………………………………… 159
　5.1　实习报告 ………………………………………………………………… 160
　　　5.1.1　文体简介 ………………………………………………………… 160
　　　5.1.2　基本格式 ………………………………………………………… 161
　　　5.1.3　写作步骤 ………………………………………………………… 162
　　　5.1.4　例文评析 ………………………………………………………… 163
　5.2　快题设计 ………………………………………………………………… 172
　　　5.2.1　快题设计简介 …………………………………………………… 173
　　　5.2.2　快题设计原则 …………………………………………………… 174
　　　5.2.3　快题考试要点 …………………………………………………… 175
　　　5.2.4　快题考试实例评析 ……………………………………………… 178

附录　招聘考试试题选 ………………………………………………………… 185

参考文献 ………………………………………………………………………… 202

附　网络下载
　　全国甲级建筑设计单位名录选
　　相关建设法规

第1章
实习计划的启动

进入四年级以后，建筑学专业的学生就与设计院实习越来越近了。各学校根据自己专业教学计划安排的不同，一般都是在四年级下学期或五年级上学期开展这项为时三个月（14周）的实践教学环节（图1-1）。当学生完成了基础的设计能力训练和建筑结构、构造以及建筑设备等选修课程的学习之后，就已经为设计院的实习工作打下了必要的知识基础。

图1-1 学生在设计院实习（资料来源：王一帆）

那么，如何做一名合格的建筑学专业实习生，我们应当为此进行哪些了解和准备？本章主要就实习准备、设计单位、工程建设项目基本概况、注册建筑师制度与建筑教育等几方面内容进行说明和介绍，为学生实习的启动发挥积极的指导意义。

1.1 实习准备

本节内容是针对学生在实习开始之前所面临的问题，从实习的意义、实习准备应注意的问题、设计院的组织结构、实习单位的选择与申请等进行详细的介绍。

1.1.1 实习的意义

作为建筑学专业教学中的一项重要实践性教学环节，设计院实习是学生获得职业经验的起步和基石，有着积极的意义。

一方面，学生可通过亲身参与具体的工程实际业务以获得对建设程序中建筑设计过程的全面了解，锻炼对所学专业理论知识的应用能力，培养对各相关专业工种与建筑专业配合协作的意识，从而增进学生对建筑师职业内涵的理解，为今后成功走向社会奠定基础；另一方面，学生通过这一阶段的实习，还可以使课堂理论联系业务实际，缩短课堂教学与职业需要的距离，通过实习查找出自己专业学习的不足和与实践的差距所在，使下一阶段的学习目标更加明确。因此，这一阶段的实习对于完善建筑学专业学生的知识体系与技能，提高专业认识，实现学习与工作的相互衔接和自然过渡具有重要的意义。此外，学生通过实习还可以了解与建筑师执业制度相关的知识，为将来的注册建筑师考试奠定基础。

如同学生实习归来后感悟：实习是开始职业生涯的前奏，是迈向社会的第一步，对以后的择业、适应社会都有着积极的影响。

1.1.2 实习的准备工作

在充分认识了建筑师业务实习的目的和重要性之后，开始自己的实习生活之前，学生为保证实习的效果，应当认真计划，充分展开相关的准备工作。概括来说，包括以下内容：

1）实习文件。在实习之前，学校指导老师会有一个集中授课的环节，会把实习计划和要点，包括时间、目的、要求以及有关注意事项等一一交代，同时还会下发相关的文字、表格等实习文件，具体分为实习指导用和成绩考核用两部分。前者包含指导实习工作内容的实习任务指导书，帮助联系实习单位的实习介绍函以及便于老师跟踪管理的实习报到回执单和实习结束离开时的感谢函等；后者有实习指导单位对实习学生的鉴定表和校内实习指导教师对实习学生的综合评价表，用于对学生的实习内容和表现进行成绩评定。在实习过程当中除了按要求填写有关表格外，还要认真做好实习周记，为实习结束返校后实习报告的总结撰写积累素材。

2）心态转变。实习带来的是从学校到社会的大环境转变，身边接触的人和事也转换了角色：老师变成老板、同学变成同事、课程设计变成真刀真枪……此外，在去实习单位之前，学生还普遍有一种不自信的表现，对自己在学校所学的知识和技能能否适应设计院的实际工作要求充满了困惑。

要适应这些变化，除了本身应具备基本的业务修养和加强自学能力以外，还有一个重要的方面就是积极地作出心态的转变，学会去适应社会的要求，不再单纯用学生的眼光来看待问题。具体来说，一是要在实际设计任务中从现实条件出发，不能像在学校做课程设计时那么以自我为中心，要能从业主角度分析思考问题，做到换位思考，当然也不能失去原则；二是要培养与人交流沟通、进行团队协作的能力，尤其在新的环境中，虚心向同事学习、真诚待人、遵守单位纪律等，都是必需的；三是无论在联系实习单位还是在实习过程当中，都要对自己有足够的自信，相信自己在学校的所学和端正的态度能够经受实践锻炼的考验。

总之，实习好比是从学校走向社会的一个分水岭，从各个方面完成心态的转变是实习顺利的保证。

3）技术准备。提前熟悉建筑防火等常用的设计规范，熟练掌握天正CAD、Photoshop、Sketchup等基本设计软件以及Office等办公软件，都有助于学生尽快适应设计院的工作。从以往学生实习报告反馈的信息来看，即便是在学校已属于专业程度比较好的学生，经历设计院实习之后，还会对所暴露出来的规范掌握的欠缺和作图的熟练程度不够、制图不规范等感触良多。

4）后勤保障。绝大多数同学的实习都要离开学校这个熟悉的生活环境。俗话说，"兵马未动，粮草先行"。租房、交通、人身安全等认真细致的后勤准备工作，成为在校外实习工作顺利开展的基础条件。对于较大的、管理较为成熟的设计机构，一旦接受实习生后会提供一些必要的协助，比如提供宿舍、午间工作餐等，但绝大多数的中小型设计机构会让学生自己通过社会来解决。

5）统筹安排。在五年级上学期进行实习，学生普遍面临的一个问题是如何处理复习考研和实习的关系。

由于有越来越多的学生选择考研进一步深造，而实习阶段正好处于考研之前的几个月，因此有些学生因为复习备考的缘故，往往不认真完成实习工作，出现实习时长不能满足要求、用非本人参与完成的图纸作为实习成果等现象。针对这一现象，除之前强调实习的重要性以引起学生重视以外，解决这一问题的一个根本有效办法就是将两件事作出统筹安排，合理分配好时间。比如将实习提前至 7 月份暑假期间就开始，这样就可以在 10 月初结束三个月的实习工作，从而留出较为充足的考研复习时间；或把两件事结合起来，将实习地点选择在考研所要报考的学校所在城市，这样可以兼顾实习和考研复习。

1.2 设计单位

本节对国内设计单位的分类、资质的划分等进行总结说明，并对学生选择实习单位的程序和技巧进行较为全面的介绍。这些信息除了指导实习以外，对学生将来的就业选择也有一定的帮助。

1.2.1 设计单位的分类

我国加入 WTO 以来，国内设计市场逐步走向对外开放。面对市场竞争的压力，设计单位的构成也由原来计划经济体制下的单一模式逐步走向多元模式，以适应不同业主和社会的需求。

我国目前的设计单位，按照其经营组织形式，分为独资公司、合伙人制公司、股份制公司、国营设计院和境外事务所在国内的分支机构等多种模式，起到了共同繁荣设计市场的作用。

1）独资公司——是一种最简单的经营形式，经营的决策全部由一个人作出，利润和风险全归一个业主，适用于著名建筑师个人的独立开业和独立经营。如获得中国建筑设计大师称号的著名建筑师陈世民于 1996 年创立的陈世民建筑师事务所。

陈世民建筑师事务所：http://www.chenshimin-arch.com

2）合伙人制公司——是设计事务所常见的组织形式，一度是发达国家存在数量较多、发展最为稳健的设计公司形式。传统的合伙人制是由两个以上的合伙人共同管理公司，分享公司利润和承担损失，每个合伙人都享有平等的决策权和投票权。例如著名的大型设计事务所美国 SOM、KPF 等，这些事务所的名称都是以合伙人的名字首字母缩写组成的。

但是不可否认的是，这种无限责任公司的传统合伙人制形式对建筑师有极大的挑战，一旦发生意外不仅会倾家荡产，还会连累所有的合伙人，因此"有限—合伙人制"作为一种新型的企业形式逐渐占据建筑事务所。所谓"有限—合伙人制"（LLP）是采用合伙人和有限责任相结合的一种企业性质，在这种形式下，如果企业出现问题，由图纸上签字的合伙人承担法律责任，其他合伙人不承担刑事责任，由公司承担经济责任，全体合伙人按照占有公司的股份的数额来享受收益及分担赔偿金额，这比传统的无限责任的合伙人制更易控制风险和保障合伙人的利益。例如青岛腾远设计事务所有限公司就采用了这种新型合伙人制，如图 1-2 所示。

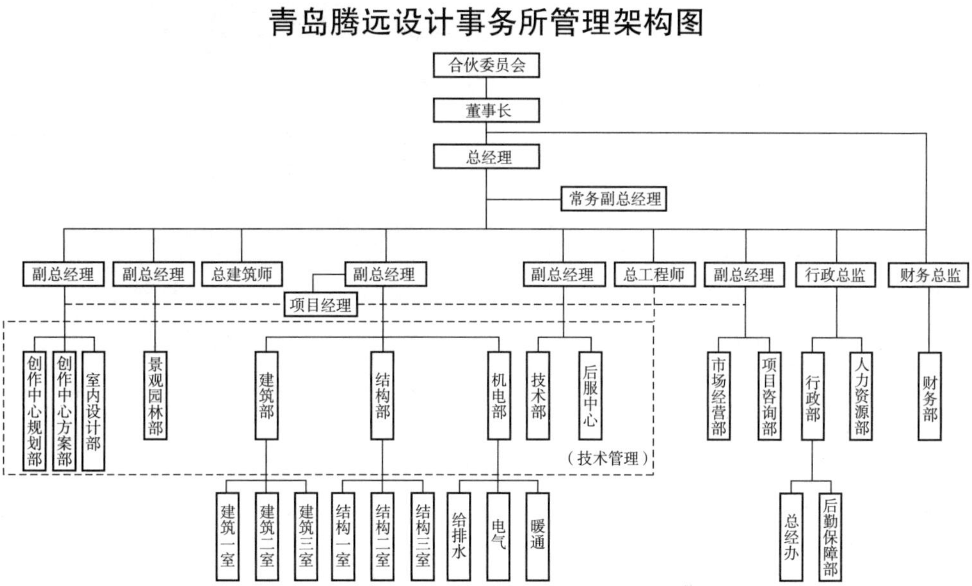

图 1-2 青岛腾远组织架构（资料来源：青岛腾远设计事务所有限公司网站）

当代中国建筑事务所的创建始于 20 世纪 90 年代中期，首先在上海、深圳、广州三个重点城市试点，是在国家关于改革体制，实现现代企业制度，加强竞争、繁荣创作的前提下展开的。北京梁开建筑设计事务所就是首批由国家批准的名人型合伙人制设计单位。①

为学生所熟知的 MAD 建筑事务所于 2002 年由建筑师马岩松创立于美国，2004 年转移至北京，建筑师早野洋介、党群先后加入成为合伙人。MAD 的实践立足于中国，又具有极强的国际性，着眼于现实社会和城市问题，拥有塑造未来的理想。2006 年，MAD 赢得了加拿大多伦多的超高层建筑——梦露大厦（图 1-3）的国际公开竞赛，成为第一个获得国际大型建筑设计权的中国设计事务所。

---

① 梁开建筑设计事务所执行合伙人梁应添先生和开彦先生，长期以来从事工程设计与研究工作，拥有丰富的工程设计与实践经验，在城市规划、建筑设计以及房地产开发等领域广富盛誉。

第 1 章 实习计划的启动

SOM 建筑设计事务所：http：//www.som.com

KPF 建筑师事务所：http：//www.kpf.com

梁开建筑设计事务所：http：//www.liangkai.com.cn

MAD 建筑事务所：http：//www.i-mad.com

青岛腾远设计事务所有限公司：http：//www.tengyuan.com.cn

3）股份制公司——是适应社会化大生产和市场经济发展需要、实现所有权与经营权相对分离、利于强化企业经营管理职能的一种企业组织形式。这是目前国有设计院实现改制的主要形式。例如原为济南市直属科研机构的济南市建筑设计研究院于 2001 年实施改制，成立了完全由职工持股的有限责任公司，成为民营科技型企业，改制后更名为济南同圆建筑设计研究院有限公司，后又随着企业发展更名为山东同圆设计集团有限公司。

图 1-3　正在建设中的梦露大厦（资料来源：MAD 事务所网站）

山东同圆设计集团有限公司：http：//www.jn-archi.com

4）国营设计院——是沿袭于计划经济时代下的一种大而全的设计院模式，专业涵盖了从建筑、结构、水电一直至概预算与园林景观等。除了普通民用建筑设计单位以外，各个行业还都有自己的专业设计院，例如电力、冶金、煤炭、轻工、市政等，除工业设计项目外，它们也承担了相当一部分民用建筑工程设计。目前国营设计院体制仍是我国设计市场上的主力军，尤其是实力雄厚的大型国营设计院承担了很多大型的公共建筑项目，例如国家设计大师崔愷所在的中国建筑设计研究院就承担了俗称"鸟巢"的国家体育场等具有世界影响力的项目。为了适应市场经济的需要，自 20 世纪 90 年代以来，国营设计院逐步开始了体制改革，由原有的事业单位逐步过渡到其他形式，其中前面提到的股份制公司是普遍采用的改革形式。

中国建筑设计研究院：http：//www.cadreg.com.cn

5）境外事务所在国内的分支机构——在我国如愿加入 WTO 的同时，也加速了我国建筑设计行业与国际接轨的步伐，勘察设计行业壁垒逐渐被打破，越来越多的国外设计机构瞄准了中国这块建筑设计宝地，纷纷在中国设立分支机构或者以与国内的大中型设计院进行合作、合资的形式进入中国市场。2009 年 9 月 27 日，建设部公告第 364 号显示，全外资夏恳尼曦（上海）建筑设计事务所有限公司获得建筑设计事务所甲级资质，这是境外设计机构首次在国内获此资质。它标志着我国建筑设计行业的改革开放正在向着进一步深化的方向发展，也预示着境外设计机构在我国将获得跨越式的发展。

夏恩尼曦（上海）建筑设计事务所有限公司：http：//www.kh-globalarch.com

现在可以看到很多城市的标志性建筑都是出自于境外建筑师之手，这些境外设计机构无论是在设计理念、人才储备、管理模式、运作机制上都比国内本土企业具有优势，在一些大型项目上与本土企业形成竞争，同时也通过其成熟精致的职业服务、国际化的视野和经验以及鲜明的个性和设计创新能力而引发了一些大中型设计院在体制、管理、技术等多方面的变革。

20世纪90年代以来境外建筑师在中国实施的主要代表建筑通过表1-1可见一斑。

境外建筑师在中国的代表建筑　　　　　　　　　　表1-1

项目	建筑师（事务所）
上海金茂大厦	美国 SOM
上海环球金融大厦	美国 KPF
深圳会展中心	德国 GMP
广州歌剧院	英国 扎哈·哈迪德
国家大剧院	法国 保罗·安德鲁
国家体育场	瑞士 赫尔佐格与德梅隆
央视新大楼	荷兰 雷姆·库哈斯
首都机场T3航站楼	英国 诺曼·福斯特

此外，按照业务经营范围，设计单位还可分为城市规划、建筑工程、人防工程、市政公用、园林绿化、电力电信、广播电视、邮政工程等专项或综合设计单位。除了设计行业内具有特殊工艺流程要求的工业建筑以外，专项设计院越来越多地涉足民用建筑设计领域，建筑师得以发挥的空间越来越大。

1.2.2　设计单位的资质

《中华人民共和国建筑法》第十三条规定：从事建筑活动的建筑施工企业、勘察单位、设计单位和工程监理单位，按照其拥有的注册资本、专业技术人员、技术装备和已完成的建筑工程业绩等资质条件，划分为不同的资质等级，经资质审查合格，取得相应等级的资质证书后，方可在其资质等级许可的范围内从事建筑活动。根据以上规定要求，结合建筑工程设计实际情况，《建筑工程设计资质分级标准》将建筑工程设计资质分为甲、乙、丙三个级别，边远地区及经济不发达地区如确有必要设置丁级设计资质需经省、自治区、直辖市建设行政主管部门报建设部同意后方可批准设置。①

另外，根据民用建筑的类型和特征等因素，民用建筑被分为特级、一级、二级、三级四个等级，其中甲级资质设计机构承担建筑工程设计项目的范围不受限制。

1.2.3 设计单位的组织模式

综合所与专业所是国内建筑设计院的两种常见组织模式。

国内传统型的建筑设计院基本上都采取综合所的模式。在综合所模式下，各专业生产资源按各业务类型的需要，分别分散配置到各个独立的二级综合所（院）内，管理资源也根据各业务类型的需要大量配置到二级综合所（院）中，由各综合所（院）负责本个体内所有项目的计划管理，并由二级综合所（院）内的各专业生产资源完成项目生产任务。而专业所则是借鉴了境外设计事务所高度专业化分工的组织模式。在专业所模式下，专业生产资源按专业集中配置在各个专业所内，管理职能集中配置在院级部门，由院级职能部门完成对所有项目的计划管理，各专业所按院生产作业计划要求与其他专业所配合完成本专业的设计生产任务。用一句话简单来说，也就是一个综合所内包括建筑、结构、机电、设备等各专业工种，一般的设计任务在一个综合所里面就能够单独完成，而专业所是全部由其中某一专业组成的，一个完整的设计任务需要由几个专业所共同配合完成。

国内建筑设计院目前大致可以按照其影响的地域范围和企业自身定位分为三大类：一是立足于全国竞争的大院，这一类设计院已经不满足于仅仅在局部地区获得竞争优势，如中国建筑设计研究院、上海现代建筑设计集团等；二是区域性的大院，此类设计院在其所在的省及邻近省份具有相当竞争能力，目前大部分二线城市的原省级建筑设计院或少部分发展较快的原地级设计院属于这一类型；三是地区性的建筑设计院，此类设计院主要由大量的原地级和县级设计院构成。

随着经济水平的提高、建筑市场的细分，人们对于专业类建筑的功能、使用的要求也越来越高，导致建筑设计日益趋向专业化，包括办公建筑、体育场馆、酒店宾馆、文化教育、医疗卫生、交通建设、工业建筑等等。每一个领域的专业化要求都大大提高，要求设计者不仅应拥有基本的设计技能等基础专业能力，还更应该在某一领域内有所钻研，在设计知识和经验上有一定的深度。比如现在医疗建筑的业主在选择设计单位时，就会倾向在医疗建筑方面有丰富经验的设计院，以及要求设计者有过相应的工程设计经验。目前，已有很多建筑设计院已经在市场对象细分方面迈出了成功的一步，比如深圳的华森建筑与工程设计顾问有限公司在住宅设计方面就做到专业细分、品牌强化，年产值70%以上是住宅建筑设计（图1-4）；再比如何镜堂院士领衔的华南理工大学建筑设计研究院，在国内大学校园设计方面已经打出了品牌。

---

① 建筑工程设计资质分级标准，中华人民共和国住房和城乡建设部，2006年11月23日施行。

图1-4 华森在其网站主页上展示的各色住宅项目（资料来源：华森建筑与工程设计顾问有限公司网站）

对于大型建筑设计院来说，在和境外设计机构的竞争过程中，整合自身资源，提高规模效应，专业化是可行之路。2003年，中国建筑设计研究院对原有组织架构进行全面调整，撤销了原经营计划部，成立项目管理中心；撤销了原来的九个综合所，组建建筑院、结构院、机电院、规划院、环艺院，还成立了以崔愷、李兴钢等主持建筑师命名的多个名人工作室。调整后把咨询、规划、建筑、室内、园林景观、电气智能化、房地产等专业形成一条完整的设计产业链，由原来的纵向并列结构变为横向并列结构，由综合走向专业，项目在各专业院之间的管理协调由管理中心统筹安排，专家工作室为生产、科研单位，财务独立核算（图1-5）。从中国建筑设计研究院的这一组织模式调整情况来看，调整后各专业工种独立成为个体单元，更加强调各专业设计部门的特色领域的专长，

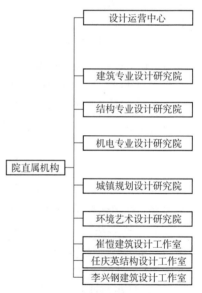

图1-5 中国建筑设计研究院的专业院与名人工作室（资料来源：中国建筑设计研究院网站）

在专业分工的基础上更加强调相互的合作。通过这一调整，项目人员的组成不再受到行政的体制约束，根据要求，人员可以跨专业、跨部门组成一个完全与之适配的团队。[1]

---

[1] 资料来源：中国建筑设计研究院网站：http://www.cadreg.com.cn

而对于大多数辐射地方的设计院来说，其面对的主要竞争对手还是区域性和其他地区性设计院，竞争力主要体现在快速的反应过程以及更精准和个性化的市场服务能力上。在这种形势下，大多数还在采取原有的综合所模式或者综合所+专业所的混合模式。

1.2.4 设计单位的机构设置及其岗位职责

（1）机构设置

国内设计单位内部机构一般由三大部分组成：经营管理部门、建筑规划设计部门和辅助部门。其中建筑、规划设计部门是设计单位的生产部门，也是学生实习的主要工作部门。笔者以山东省建筑设计研究院的组织机构图为例来说明传统国有设计院的部门机构设置（图1-6）：

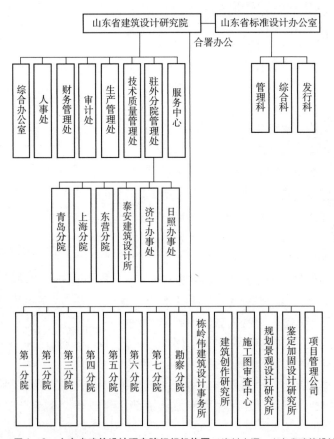

图1-6 山东省建筑设计研究院组织机构图（资料来源：山东省建筑设计研究院网站）

（2）岗位职责

在综合性民用设计单位中，建筑是龙头专业，其他专业还有：结构、给排水、暖通、空调、电气、景观、造价预算等。一份完整的专业设计文件是要经过各专业设计人员的共同合作才能完成，同时还有校对、审核、审定这严格的三级校审来保证质量。

在各专业的工作中又有更具体的人员分工来确保设计质量和进度，具体的人员分工有：项目负责人、专业负责人、设计人、校对人、审核人、审定人。具体各分工的主要岗位职责详见表1-2。

设计单位人员分工和主要岗位职责　　　　　　　　　　表1-2

人员分工	岗位职责	任职资格
项目负责人	是设计项目的具体组织者，对设计项目负全面责任。对外代表设计院联系有关该项目的事宜；对内组织各专业做好该项目的设计工作	应由具有一级或二级注册建筑师资格的专业人员担任
专业负责人	在项目负责人领导下，对所承担项目的专业设计进度和质量负责	应由具有一级或二级注册建筑师资格的专业人员担任
设计人	在专业负责人的指导下进行设计工作，对所承担的专业设计工作的质量和进度负责	应由具有初级及以上专业技术职称的专业人员担任
校对人	对设计人或制图人完成、自校后的设计文件进行校对，对所校对的设计文件质量和进度负责	应由具有中、高级技术职称或具有注册建筑师资格的专业人员担任
审核人	对校对人校对后的设计文件进行审核，对所审核的计文件质量和进度负责	应由具有中、高级技术职称或具有注册建筑师资格的专业人员担任
审定人	对审核人审核后的设计文件进行审定，对所审定的计文件质量和进度负责	应由总建筑师或指定具有一级注册建筑师资格的专业人员担任

1.2.5　实习单位的选择与申请

根据实习的目的与要求，最好是选择具有建筑工程甲级设计资质的设计机构作为实习单位，因为无论是从技术水平、项目等级还是区位环境来看，甲级院能够给学生提供最好的培养与锻炼条件，并极大地开阔学生的眼界。那么在选择、联系设计单位的时候，还有哪些具体程序和注意事项呢？

对学生而言，以往最先被考虑的实习单位往往是学校当地最有名的大型国有设计院，或者是干脆回家乡具有地方行业优势的市级设计院实习，前者是为了更好地接受锻炼，后者则是方便食宿，便于联系等。而近几年来，借助网络等发达的信息渠道，学生接触到了更多的外界信息，在选择实习单位的时候不再局限于原来的目标。出于开拓视野、增长见识，得到更多锻炼机会的目的，越来越多的学生选择去北京、上海、深圳等高水平设计机构众多的地区实习。同时，在这些城市实习还可以兼顾考研和将来毕业找工作等目的，而对于实习单位的选择，也越来越多地开始考虑具有较高方案设计水平的民营设计机构或境外设计公司的分支机构等。

通过对学生的访谈总结，现在学生选择实习单位时，普遍较为关注的是以下方面：①实习单位的知名度与专业特长；②实习单位对实习生的指导情况；③实习单位的用人和经营状况；④实习单位对实习时间的要求；⑤实习单位能提供的待遇问题；⑥实习单位留用工作的可能性。

而通过对设计单位的问卷调查表明，他们认为接受学生实习是应尽的社会责任和发现人才的途径，并对实习学生的素质技能也提出了几点希望和要求：①优秀的方案设计能力；②扎实朴素的设计理念；③与人沟通交流的能力；④熟练的计算机操作能力；⑤职业责任感及团队精神。

另据建筑学专指委①统计，至 2009 年底，国内已有两百余所院校设立了建筑学专业，其中通过专业评估的有 41 所。虽然设计院的规模和数量也在增加，但要想去一家满意的设计院实习，将会面临越来越激烈的竞争和选择。实习虽然不是找工作，但也存在着学生和设计院之间的双向选择。因此，除了在校时加强自身设计能力和熟练计算机制图技巧以外，熟悉了解申请实习单位的程序和准备技巧，将会对学生找到理想的实习单位起到事半功倍的作用。

（1）准备个人简历与作品集

就像将来找工作一样，联系实习单位也要准备一份个人简历和作品集（图 1-7）。当然，简历和作品集这二者是可以结合在一起的。一份出色地展示自己专业水平与个性的作品集，会起到非常大的作用，下面就着重谈谈准备作品集的着眼点。

笔者曾亲身经历，济南某著名的设计事务所面试一个学生时，当看过学生富有感染力的作品集后，没有再按常规进行快题考试，而是当场拍板定下该学生，并说了这么一句话"有这么好构图和表达修养的人，其方案设计能力一定差不了"。现在这个学生已经在那里工作三年了，已然成为设计骨干。

对于用人单位而言，通过一个建筑学专业学生的简历和作品集，能从中获取以下的信息，作为判断学生能力的重要因素：

一是学生的专业修养。

评判一个设计师的标准，永远是根据他的作品。了解一个设计师，也是从他的作品开始的。

学生通过把自己学习阶段的作品筛选集合，可以展示其所接受的专业训练的内容与程度、所接触过的建筑类型以及个人图面表达能力等，这是作品集给人最重要的印象。

作品集里所包含的内容不仅限于建筑设计项目，美术作品、表现手工模型和计算机渲染的图片甚至摄影作品等一些与专业有关的内容都可以包括，为的是尽可能展示你的

---

① 全称为"全国高等学校建筑学学科专业指导委员会"，每年都组织一次全国建筑教育大会暨全国高等学校建筑学专业院长系主任会议，就建筑学专业教育及学科发展展开研讨。

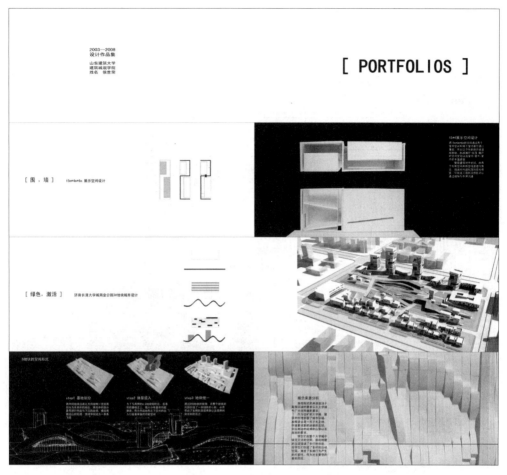

图1-7 学生毕业作品集（所有人：侯世荣，毕业于山东建筑大学建筑学专业）

综合素质。此外，在能够展示你最高水平的作品上，要加以详细地展示，这样远比粗略地展示多个一般作品的效果要好。

如果学生在此之前曾经有过实习的经历或者在学校协助老师完成过一些实际的工程，最好也能够把你所做的工作体现在作品集中，因为具有相关经验是最可贵的，但也不要夸大你在其中所起的作用，以免使人产生不信任感。

二是学生的逻辑思维能力。

作品集是以图来说话的，看表面好像不如文字有逻辑性，其实不然，选取、组织素材成集的时候更是要有一个明确的表达思路和条理在里面，选取的每一个设计都表达了作者的设计思想和态度。作品集就像一部戏剧的剧本，可以采用不同的叙事方式，或者是纵向展示了学生专业学习的历程，看出一个人的进步；或者是横向通过不同的版块来展示自我各个不同的方面。

三是学生的文字表达能力。

作品集中的文字不是仅仅对项目的基本描述，还有你从中得到的收获以及体验等。通过富有感染力的文字，对每个作品进行简要精确的描述，对个人的能力与优势、对未来职业与发展的构想等加以展示，来打动阅读者并产生共鸣。在工程实践中，能够写出好的设计说明是一项很有用的技能，假如通过你的文字能使设计单位认为你具备这种能力，那么就起到了很好的推荐作用和效果。

四是学生的排版构图能力。

在包含上述内容的条件下，要重视对作品集页面排版、构图的推敲，来诠释和展现你的个性，从而形成一种视觉的冲击力。作品集的排版与构图、文本的印刷与制作，做好这些看似比较琐碎的工作，往往能使作品集带给人良好的第一印象。

随着网络的便捷，通过发送电子版作品集求职日益普遍，此外，多媒体技术手段的运用，也使得电子作品集有了更为丰富的表现力。

（2）查询联系设计机构

在选择实习单位时，学生考虑的因素有很多，比如实习的地点、实习单位的性质、资质、待遇等。首先要根据自身情况初步确定可供实习单位的信息，接下来就是在目标基础上依据个人意愿筛选。一般说来，应当尽量选择具有甲级资质的、设计综合实力比较强的设计院（全国甲级资质设计单位名录详见本书附录），以期得到更好的锻炼，当然综合实力比较强的设计院对实习生设计能力的要求也较高；若选择带有外资背景的设计机构时，除了设计能力以外，外语水平也是他们所关注的。根据笔者在近几年承担我校实习课程指导中所作的调查，学生联系实习单位的途径基本如下：

1) 学校老师的安排。因专业特点，建筑学专业老师一般都与社会保持比较紧密的联系，借助专业教师的人脉资源以及积极地联系，为学生推荐实习单位是一种比较常见的模式，尤其是老师比较了解的、素质比较不错的学生，往往能被推荐到设计水平比较高的大院。

在本专业实习学生规模不大的条件下，学校可以通过建立若干固定的业务实践基地来解决学生实习问题，每年根据实践基地提供的实习岗位，尽可能按照不同学生的特点或要求将学生分配出去，剩余的同学，将会通过其他途径找到满意的实习单位。近几年来，受专业规模扩大的影响，实习范围的辐射面也越来越广，将有越来越多的学生通过自主渠道联系到实习单位，在某种意义上来说，自己联系实习单位的这一过程也使学生走上社会的能力得到初步的锻炼。

2) 借助网络寻找信息。对于打算离开学校去外地实习的学生，之前应当早作准备，通过提前广泛浏览各大设计论坛的网站，注意其发布的实习生招聘信息，通过网上投简历、作品集——电话联系——上门面试等一系列程序落实，比如国内著名的建筑论坛ABBS就是一个丰富的信息发布平台。此外，还有一些综合性的人才网站，比如中华英才网、前程无忧网、智联招聘网等，在其网站首页也常常发布一些设计单位的实习或用人招聘信息。

与此同时，不仅要会寻找实习信息，也要懂得发布自己的求职信息。通过在各大建筑 BBS、求职网站上发布、刊登自己的求职信息，主动出击，有时能够收到意想不到的效果。另外，平时多多看看这些版面，可以收集到很多相关的经验，增长很多见识，这些都是要慢慢积累的。

ABBS 论坛：http：//www.abbs.com.cn
中华英才网：http：//searchjob.chinahr.com
前程无忧网：http：//www.51job.com
智联招聘网：http：//www.zhaopin.com
建筑英才网：http：//www.buildhr.com

3）直接面对实习单位。如果有些设计单位没有发布招聘实习生的通告而你又对其非常感兴趣的话，不妨直接打电话或者上门询问，要求面谈。凭学校的介绍信或学生证主动登门找其类似人力资源部的具体部门说明自己的想法，只要提前做好准备，表现得体，往往能给对方留下深刻印象，给你一个面谈机会。通过作者对设计单位的问卷调查表明，有半数以上的受访设计单位比较认同学生通过这种方式来取得实习资格，认为可以真实体现一个学生所具有的与人沟通协调的个人能力。

4）通过熟人关系介绍。与主动出击去联系实习单位的"碰运气"相比，借助往届的学长以及亲戚、朋友的关系去联系则显得比较有把握。为此要注意日常的人际关系积累，对人脉关系的使用不能有临时抱佛脚的想法，这对将来走向社会也是一个很好的历练。

综上所述，不管采取以上何种方式确定实习单位后，在实习报到之初，都要明确告诉实习单位学校对实习具体的目的要求，请设计单位为你安排一个合理的实习计划并指定专人做你的校外指导老师，并把实习回执表信息填写完成，在实习开始一周内寄回学校，以供校内指导老师备案检查。

一切进入正轨以后，就要认真遵守实习单位的各项规章制度，用扎实、勤奋的态度来完成你丰富多彩的实习生活。

1.3 工程建设项目[①]

学生在实习当中所遇到的工作具有一定的随机性，但也存在把握的主动性。本节通过对我国工程建设项目基本概况的总结，使学生了解工程建设项目的内容、国家的基本建设程序等，从而对建筑师实际工作范畴形成初步认识，为尽快适应实际工作发挥促进的作用。

---

① 本节参考山东省建设厅执业资格注册中心. 注册建筑师考试手册. 第二版. 济南：山东科学技术出版社，2005.

1.3.1 工程建设项目简介

(1) 建设项目的组成

建设项目是项目中最重要的一类。按照建设性质，建设项目可分为新建、扩建、改建、单纯建造生活设施、迁建、恢复和单纯购置；按照投资管理体制，建设项目可分为基本建设项目和更新改造项目。这里将重点对与在设计院实习常接触的民用建设项目的有关概念进行阐述。

建设项目的内容可以用下面的构成形式从大到小来表示（图1-8）：

建设项目→单项工程→单位工程→分部工程→分项工程→子项工程

图1-8 建设项目内容

建设项目：是指经政府主管部门批准能独立发挥生产功能或满足生活需要的建设任务，其经济上实行独立核算，行政上具有独立的组织形式，实行统一管理并严格按照建设程序实施，一般以一个企业（或联合企业）、事业单位或独立工程作为一个建设项目，如：工业建设中的一座工厂，民用建设中的一个居住区、一个港口、一所学校、一幢住宅等均为一个建设项目。

建设项目包括多种工程，根据编审建设预算、制订计划和会计审核的需要，建设项目一般划分为单项工程、单位工程、分部工程及分项工程。

单项工程：是指具有独立的设计文件，竣工后可以独立发挥生产能力或效益的工程。一个建设项目可由一个单项工程组成，也可由若干个单项工程组成。如一个工厂由若干个能独立发挥效益的车间组成，则每个车间就是一个单项工程。

单位工程：是单项工程的组成部分，也是具有单独设计、独立施工条件的工程。一个单项工程一般又都划分为若干个单位工程。如在工业建设项目中，一个车间是一个单项工程，而车间的厂房建筑和设备安装则分别是单位工程。一个民用建筑工程可以细分为土建工程、水暖卫工程、电器照明工程等单位工程。

分部工程：是单位工程的组成部分。它是建筑工程和安装工程的各个组成部分，是按建筑安装工程的结构、部位或工序划分的。如一般房屋建筑可分为土方工程、地基与基础工程、砌体工程、地面工程、装饰工程等。

分项工程：是指分部工程的组成部分，是施工图预算中最基本的计算单位。它是按照不同的施工方法、不同材料的不同规格等，将分部工程进一步划分的。如钢筋混凝土分部工程，可分为现浇和预制两种分项工程。

(2) 建设项目的分类

建设项目有多种分类。按项目总规模或计划投资可分为大型、中型、小型三类建设项目；按建设性质可分新建、扩建、改建、迁建和恢复建设项目五种；按项目投资主体分为国家投资、地方政府投资、企业投资、合资和独资建设项目；按项目用途可分为生产性和非生产性建设项目；此外，按项目寿命又可分为临时性和永久性建设项目。一般来说，常按工业与民用来划分，称工业建筑项目和民用建筑工程，其中民用建筑工程又可分为公共建筑和住宅建筑。

（3）建设项目的参与者

建设项目是由多个部门共同参与配合完成的，通常包括政府主管部门、建设单位、勘察单位、设计单位、施工单位和工程监理单位等。

政府主管部门：一是指国家发改委及各级地方发改委，在建设项目管理中，通过制定建设计划，确定建设投资规模、投资方向和地区布局等宏观决策，安排建设项目并审查审批项目建议书和可行性研究报告。二是指国家住房和城乡建设部、各级地方建委及其分管部门对建设项目实行全面管理，制定建设的有关方针、政策、法规、条例，管理城市建设和规划，搞好国土规划与开发，组织有关建设标准、规范、定额的编制和建设计划的实施。

建设单位：既是建设项目的执行者和组织监督者，又是建设项目的使用者，在整个项目建设中起主导作用。建设单位通常也称为"业主"。而相对于双方签署的项目设计咨询合同而言，建设单位又可称为"甲方"。

勘察单位：是指从事工程测量、水文地质和岩土工程等工作的单位。其基本任务是为建设项目的设计实施提供准确可靠的建设场址基础资料。

设计单位：是指各类设计咨询机构的总称。其基本任务是根据批准的项目建议书、可行性报告等审批要求和内容认真编制设计文件，并按规定时间提交建设单位，设计单位必须对拟建工程的设计质量全面负责；确定合理设计方案，采用可靠技术数据，采用的设备、材料等应切实可行；设计文件的深度应符合建设使用和规范、审批要求。除此之外，设计单位还应配合施工，解答设计疑问、了解实施情况、及时负责编制设计变更等各类现场服务。

施工单位：是各种从事建筑安装施工活动企业的总称。它包括土建公司、设备安装公司、机械施工公司及各种附属部门等。施工单位在项目建设中的基本任务是根据批准的项目建设计划、设计文件和国家制定的施工验收规范，以及与建设单位签订的合同要求，具体组织管理施工活动，按期完成项目建设任务，提供质量优良的建筑安装产品。

工程监理单位：是指受建设单位的委托，依照国家相关法律法规和建设单位要求，在委托范围内对建设项目建设的实施过程，在工程质量、工程进度和工程投资等方面进行专业化监督管理的各类咨询监理机构的总称。

1.3.2　工程建设项目的基本程序

工程建设项目的基本程序是指工程项目建设从设想、选址、评估、决策、设计、

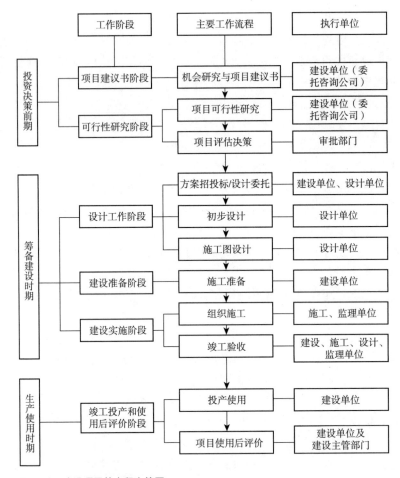

图1-9 建设项目基本程序简图

施工到竣工验收、投入生产使用全过程中，各项工作必须遵循的先后顺序的章程，是人们在认识客观规律的基础上制定出来的，是建设项目科学决策和顺利进行的重要保证。

我国的基本建设程序一般分为三大阶段，即投资决策前期、筹备建设时期和生产使用时期（图1-9）。各阶段又包括以下程序内容：提出项目建议书、选定建设地址、进行可行性研究，经主管部门批准后，进入勘察和设计；设计阶段包括方案设计和初步设计，经主管部门批准后，进入施工图设计阶段，当施工准备就绪后，领取《投资许可证》、《开工许可证》和《建设用地规划许可证》等方可组织施工；根据工程进度做好生产准备，工程按设计内容建成，经负荷运转合格，进行竣工验收，交付使用。其中，组织施工之前的工作尤为关键。

工程建设项目基本程序中各阶段工作内容如下：

1）项目建议书阶段。项目建议书是业主向国家提出的要求建设某一项目的建议文件，是对建设项目的轮廓设想。项目建议书的主要作用是推荐一个拟建项目，论述其建设的必要性、建设条件的可行性和获利的可能性，供国家选择并确定是否进行下一步工作。

2）可行性研究阶段。项目建议书经批准后，应紧接着进行可行性研究。可行性研究是对建设项目在技术上和经济上（包括微观效益和宏观效益）是否可行进行科学分析和论证工作，是技术经济的深入论证阶段，为项目决策提供依据。

可行性研究由有资格的设计机构或工程咨询部门承担，主要任务是通过多方案比较，提出评价意见，推荐最佳方案。

3）设计工作阶段。在项目建议书、可行性研究报告审批完成，最终立项之后，建设单位即可办理工程报建手续，进入工程设计阶段。

设计是编制出工程设计文件，对拟建工程的实施在技术上和经济上所进行的全面而详细的安排，是对项目建设计划的具体化，是组织施工的依据。民用建筑工程设计一般分为三个阶段，即方案设计阶段、初步设计阶段和施工图设计阶段。技术上复杂而又缺乏设计经验的项目，在初步设计后增加扩大初步设计环节。

4）建设准备阶段。在报批各项开工手续的同时，主要准备工作内容包括：征地、拆迁和场地平整；完成施工用水、电、路等工程；组织设备、材料订货；准备必要的施工图纸；组织施工招标投标、择优选定施工单位，签订承包合同。

5）建设实施阶段。建设项目经批准新开工建设，项目便进入建设施工阶段。这是项目决策的实施、建成投产发挥效益的关键环节。施工活动应按设计要求、合同条款、预算投资、施工程序和顺序、施工组织设计，在确保质量、工期、成本计划等目标的前提下进行，达到竣工标准要求，经验收后移交建设单位。竣工验收是工程项目建设程序的最后一道环节，是投资成果转入生产或作用的标志，是全面考核工程项目建设成果，检验设计和施工质量的重要环节。

在实施阶段还要进行生产准备。生产准备是项目投产前由建设单位进行的一项重要工作，是建设阶段转入生产经营的必要条件。

6）竣工投产和使用后评价阶段。建设项目投产后评价是工程竣工投产、生产运营一段时间后，对项目的立项决策、设计施工、竣工投产、生产运营等全过程进行系统评价的一种技术经济活动。它是工程建设管理的一项重要内容，也是工程建设程序的最后一个环节。它可以使投资主体达到总结经验、汲取教训、改进工作，不断提高项目决策水平和投资效益的目的。

1.4 注册建筑师

要成为一名注册建筑师，需经历从学校教育再到一个规定阶段的从业实践之后，通过国家的注册建筑师考试方可实现。本节对我国的建筑学教育及注册建筑师制度、考试和执业职责等进行介绍。

1.4.1 建筑教育

我国建筑学教育也同职业建筑师一样，始于20世纪20年代，一批留学西方学习建筑学的人员归国开创了中国最早的现代建筑教育，如老一辈建筑教育家梁思成、杨廷宝、童寯等人。尽管我国现代建筑教育起步较晚，且在发展的过程中深受西方老学院派和前苏联新学院派模式的影响，但自始，我国的建筑教育就一直在探索一条适合中国国情的兼容并蓄的发展道路，历代建筑教育工作者为此付出了心血。改革开放以来，经济社会的繁荣发展，为建筑学的发展带来了巨大的推动力，在这一背景下，建筑学专业教育更是率先在我国高等教育领域与国际接轨的道路上迈出了可喜的一步。1992年6月，国务院学位委员会第十一次会议原则通过了《建筑学专业学位设置方案》，确定了中国高等院校建筑学专业学位的授予首先从5年制建筑学本科专业教育质量评估开始，并以此作为建筑学专业学位的授予标准。①

专业学位作为具有职业背景的一种学位，是为培养特定职业的高层次人才而设立的。除涉及学术水平外，更重要的是具有很强的职业针对性。建筑师是与人民生命和财产安全密切相关的职业，因此世界上很多国家都设置了相应的建筑学专业学位。

我国借鉴西方国家的建筑学教育评估制度，通过专业教育评估建立起科学合理的建筑学专业教育的教学计划和课程体系，使之与我国社会经济发展相适应，并与世界上发达国家的建筑教育标准相协调。这一制度的实行，加强了国家、行业对建筑学专业教育的宏观指导和管理，保证了建筑学专业基本教育质量，保证了学生了解建筑师的专业范畴和社会作用以及获得执业建筑师必需的专业知识和基本训练，并为高等学校的建筑学专业获得相应的专业学位授予权、为与世界上其他国家相互承认同等专业的评估结论及相应学历创造了条件。2008年4月9日，经中华人民共和国住房和城乡建设部、国务院学位委员会办公室批准，全国高等学校建筑学专业教育评估委员会与英联邦建筑师协会、英国皇家建筑师学会、美国建筑学教育评估委员会、加拿大建筑学教育认证委员会、韩国建筑学教育评估委员会、澳大利亚皇家建筑师学会、墨西哥建筑学教育评估委员会，在澳大利亚堪培拉，共同签署了《建筑学专业教育评估认证实质性对等协议》。

《建筑学专业教育评估认证实质性对等协议》的主要内容是：①签约各方相互承认对方建筑学专业教育评估认证体系具有实质对等性；②签约各方相互认可对方所作出的

---

① 朱向军，陈芳. 建筑教育应十分重视建筑师的职业素质培养——高职院校开办建筑设计专业的一点思考. 中国建筑学会成立50周年暨2003年学术年会.

建筑学专业教育评估认证结论；③经签约成员评估认证的建筑学专业点，在专业教育质量等各主要方面具有可比性，达到签约各方相互认可的标准；④经任一签约成员评估认证的建筑学专业学位或学历，其他签约成员均予承认。①

《建筑学专业教育评估认证实质性对等协议》的签署，标志着我国建筑学专业教育评估实现了国际互认，有利于我国建筑专业人才取得国外注册建筑师执业资格，进入国际建筑市场。

自评估制度实施以来，截至2009年5月，全国共有41所院校的建筑学专业通过了本科教育评估②，获得了建筑学学士学位的授予权。根据《中华人民共和国注册建筑师条例》第八条第二款的规定，获得建筑学学士学位的人员从事建筑设计或者相关业务3年以上的即可申请参加一级注册建筑师考试，而未获得此学位的建筑学专业毕业生则需要工作5年以上，在考试年限上的优越性使得开办建筑学专业的高校都在积极参加此项评估。

1.4.2 注册建筑师制度③

注册建筑师，是指经考试、特许、考核认定取得中华人民共和国注册建筑师执业资格证书，或者经资格互认方式取得建筑师互认资格证书，依法登记注册，取得中华人民共和国注册建筑师注册证书和中华人民共和国注册建筑师执业印章，从事建筑设计及相关业务活动的专业技术人员。未取得注册证书和执业印章的人员，不得以注册建筑师的名义从事建筑设计及相关业务活动。

国家对从事人类生活与生产服务的各种民用与工业房屋及群体的综合设计、室内外环境设计、建筑装饰装修设计、建筑修复、建筑雕塑、有特殊建筑要求的构筑物的设计，从事建筑设计技术咨询，建筑物调查与鉴定，对本人主持设计的项目进行施工指导和监督等专业技术工作的人员，实施注册建筑师执业资格制度。非注册建筑师不得以注册建筑师的名义执行注册建筑师业务。在一个项目周期内，在与业主、规划局、施工单位、审图质检消防等设计管理单位、内装外装景观设计等相关单位的合作，及内部各个专业的同事交错合作的过程中，注册建筑师起着核心作用。

我国的建筑师注册制度形成较晚，是在借鉴欧美的建筑师注册制度后才开始出现

---

① 中华人民共和国住房和城乡建设部. 学评公告 [2008] 第1号.
② 这41所院校分别是：清华大学、同济大学、东南大学、天津大学、重庆大学、哈尔滨工业大学、西安建筑科技大学、华南理工大学、浙江大学、湖南大学、合肥工业大学、北京建筑工程学院、深圳大学、华侨大学、北京工业大学、西南交通大学、华中科技大学、沈阳建筑大学、郑州大学、大连理工大学、山东建筑大学、昆明理工大学、南京工业大学、吉林建筑工程学院、武汉理工大学、厦门大学、广州大学、河北工程大学、上海交通大学、青岛理工大学、安徽建筑工业学院、西安交通大学、南京大学、中南大学、武汉大学、北方工业大学、中国矿业大学、苏州科技学院、内蒙古工业大学、河北工业大学、中央美术学院。
③ 中华人民共和国注册建筑师条例实施细则。

的。原建设部从 1992 年开始着手在我国建立建筑师注册制度。1994 年 2 月成立了全国注册建筑师管理委员会，负责承办建立注册建筑师制度的各项事宜。1994 年 9 月，原建设部、原人事部联合下发《关于建立注册建筑师制度及有关工作的通知》，正式决定在我国实行注册建筑师制度。考虑到国情，我国注册建筑师分为一级和二级注册建筑师。一级注册建筑师严格按国际标准实行，以使能同国际接轨，得到国际互认，其执业范围不受建筑规模和工程复杂程度的限制。二级注册建筑师适当降低标准，建筑设计范围只限于承担国家规定的民用建筑工程等级分级标准三级（含三级）以下项目。

1.4.3　注册条件与考试[①]

首批两个等级的注册建筑师均由考核认定产生，之后要取得注册建筑师执业资格必须先参加相应等级的注册建筑师执业资格考试，考试合格取得相应的注册建筑师资格后才能申请注册。

注册建筑师考试实行全国统一考试，由全国注册建筑师管理委员会统一部署，省、自治区、直辖市注册建筑师管理委员会组织实施，每年进行一次。1994 年 10 月在辽宁省范围内进行了一级注册建筑师试点考试，1995 年 1 月原建设部与人事部联合下发《全国一级注册建筑师考试大纲》及《一级注册建筑师考核认定条件的规定》。首次全国范围一级注册建筑师考试于 1995 年 11 月 11 ~ 14 日在全国 31 个考点进行，来自美国、英国、日本、韩国、新加坡、中国香港等国家和地区的专家团观摩了考试工作。二级注册建筑师考试试点于 1995 年在辽宁省、浙江省和重庆市进行，《二级注册建筑师考试大纲》及《二级注册建筑师考核认定条件的规定》于 1995 年 10 月由全国注册建筑师管理委员会印发，首次考试于 1996 年 3 月 16 ~ 17 日举行。1995 年 9 月国务院第 184 号令发布《中华人民共和国注册建筑师条例》，这是迄今为止建设行业执业资格制度法规体系中具有最高法律效力的专门法规。

随着建设事业的飞速发展，高新技术的不断涌现，原考试大纲中有些科目内容已不能适应建筑业发展的现状。为此，全国注册建筑师管理委员会于 2002 年对考试大纲进行了修订。修订后的大纲重点解决了考生定位、考试科目设置合理性、考试内容更新和作图题考试时间过长以及如何适应阅卷评分改革等问题。

2008 年新修订的《中华人民共和国注册建筑师条例实施细则》（建设部令第 167 号）规定，一级注册建筑师考试现分为九个科目（表 1－3）：设计前期与场地设计；建筑设计；建筑结构；建筑物理与设备；建筑材料与构造；建筑经济、施工及设计业务管理；建筑方案设计（作图）；建筑技术设计（作图）；场地设计（作图）。

---

① 城卯，陈楠．我国的注册建筑师执业资格考试制度．中国建设教育，2005（3）．

一级注册建筑师考试科目与时间 表1-3

考试时间	题型	科目
3.5小时	单选	建筑设计
2.0小时	单选	建筑经济、施工与设计业务管理
2.0小时	单选	设计前期与场地设计
3.5小时	作图	场地设计
4.0小时	单选	建筑结构
2.5小时	单选	建筑材料与构造
6.0小时	作图	建筑方案设计
2.5小时	单选	建筑物理与建筑设备
6.0小时	作图	建筑技术设计

二级注册建筑师考试现分为四个科目（表1-4）：建筑构造与详图（作图）；法律、法规、经济与施工；建筑结构与设备；场地与建筑设计（作图）。

一、二级注册建筑师资格考试为滚动管理考试。一级注册建筑师考试的科目考试合格有效期为8年，在有效期内全部科目考试合格的，由全国注册建筑师管理委员会核发国务院建设主管部门和人事主管部门共同用印的一级注册建筑师执业资格证书；二级注册建筑师考试的科目考试合格有效期为4年，在有效期内全部科目考试合格的，由省、自治区、直辖市注册建筑师管理委员会核发国务院建设主管部门和人事主管部门共同用印的二级注册建筑师执业资格证书。取得执业资格证书的人员，必须经过注册方可以注册建筑师的名义执业，未经注册，不得称为注册建筑师。

二级注册建筑师考试科目与时间 表1-4

考试时间	题型	科目
3.5小时	作图	建筑构造与详图
3.0小时	单选	法律、法规、经济与施工
3.5小时	单选	建筑结构与设备
6.0小时	作图	场地与建筑设计

自1996年我国正式实施注册建筑师执业制度以来，其考试标准便对建筑教育产生了巨大的冲击，但同时也起到了很好的导向作用。注册建筑师的产生都要经过建筑教育、实践、综合考试三个过程，而不能用其中任何一个去代替另外两个过程。今天，专

业教育是建筑师的基础，实践则是在步入社会以后通过经验积累提高自身能力的必经之路。从本质上说，注册建筑师考试只是一个评价手段，真正要成为一名合格的注册建筑师还必须在教育培养和实践训练上下工夫。

1.4.4 建筑师执业职责

《中华人民共和国注册建筑师条例》第二十条规定了注册建筑师的执业范围，内容包含建筑设计、建筑设计技术咨询、建筑物调查与鉴定、对本人主持设计的项目进行施工指导和监督、国务院建设行政主管部门规定的其他业务等。

《中华人民共和国注册建筑师条例》第二十八条还规定了注册建筑师应当履行的义务：

1）遵守法律、法规和职业道德，维护社会公共利益；
2）保证建筑设计的质量，并在其负责的设计图纸上签字；
3）保守在执业中知悉的单位和个人的秘密；
4）不得同时受聘于两个以上建筑设计单位执行业务；
5）不得准许他人以本人名义执行业务。

建筑师的工作性质决定了建筑师必须具备高度的社会责任感。设计在营造空间、满足社会要求的过程中，很多活动都是以建筑师为主来组织和控制的。因此，作为建筑师要注重道德操守和承担起社会责任，真正好的建筑应该是从社会利益出发的建筑。

1998年，国际建筑师协会职业实践委员会通过了"关于道德标准的推荐导则"，导则中对建筑师总的义务作了约定：维持和提高自身的建筑艺术和科学知识，尊重建筑学的集体成就，在建筑艺术和科学的追求中首先保证以学术为基础，并对职业判断不妥协。建筑师要提高职业知识和技能，并维持职业能力；要不断提高美学、教育、研究、培训和实践的标准；要推进相关行业，为建筑业的知识和技能作出贡献。

作为勘察设计行业人员，建筑师职业道德规范包括如下八个方面：

1）发扬爱国、爱岗、敬业精神，既对国家负责同时又为企业服好务。珍惜国家资金、土地能源、材料设备，力求取得更大的经济、社会和环境效益。
2）坚持质量第一，遵守各项勘察设计标准、规范、规程，防止重产值、轻质量的倾向，确保群众公共人身及财产安全，对工程质量负责到底。
3）钻研科学技术，不断采用新技术、新工艺、推动行业技术进步；树立正派学风，不搞技术封闭，不剽窃他人成果；采用他人成果要标明出处，要征得对方同意，尊重他人的正当技术、经济权利。
4）认真贯彻勘察设计行业的各项方针政策，合法经营，不搞无证勘察设计，不搞越级勘察设计，不搞私人勘察设计，不出卖图签图章。

5）遵守市场管理，平等竞争，严格按规定收费，不超收、不压价，勇于抵制行业不正之风，不因收取"回扣"、"介绍费"等而选用价高质次的材料设备，不贬低别人，抬高自己。

6）信守勘察设计合同，以高速、优质的服务，为行业赢得信誉。

7）搞好团队协作，树立集体观念，甘当配角，艰苦奋斗，无名奉献。

8）服从单位法人管理，有令则行，有禁必止。

总之，建筑师所应履行的执业职责是应恪守职业道德规范、满足业主的需要、符合社会的发展，能够突破新领域、与时俱进，创作具有良好创新性的优秀设计。

第 2 章
建筑设计工作

学生在进入建筑设计单位开始实习以前首先要对建筑设计工作的基本情况进行了解，从而有助于对设计单位进行选择并初步了解设计单位的服务范围、服务的基本内容和程序以及建设项目运作的模式等，避免出现由于对建筑设计的理念不清而造成工作的盲目性和工作程序颠倒等问题。在实习的初期，首先要对整个建筑行业进行全面宏观的了解，搞清楚建设项目的运作（组织）模式、建筑设计工作的基本内容与程序、建筑师的工作内容以及能够为业主提供哪些专业服务，从而避免工作的单一和不全面。

2.1 建筑设计工作简介

2.1.1 建筑师服务范围

国际通行的建筑师职业服务程序和范围，是通过咨询、设计、管理服务从而贯穿整个工程建设项目的全过程。服务范围已由包括初步设计、扩初设计、施工图设计和施工管理这些基本服务延伸到许多新的领域，像城市区域规划、场地分析、可行性研究、概预算和造价控制、项目计划书、建筑物运行和管理分析等，成为更加综合的建筑设计服务。建筑师对业主而言不仅是专业代理人，并且是工程建设过程当中技术与公正的监管者。而国内传统的建筑工程建设机制由于分工过于明确，建筑师的服务大部分仅限于一种单纯的设计制图过程。然而随着中国经济的发展、市场竞争的加剧以及建筑行业逐渐与国际接轨，建筑设计行业对建筑师的能力提出了更高的要求，建筑师的服务范围也会进一步扩大。目前，根据工程建设项目基本程序，设计服务工作一般分为设计前期、建筑设计和设计后期三个阶段（图2-1）。

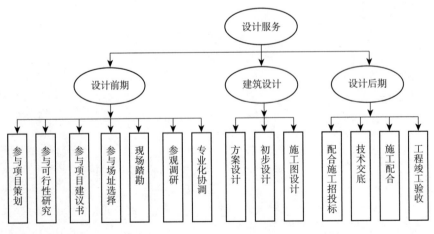

图2-1 设计服务工作示意图

(1) 设计前期服务

设计前期服务主要指通过提供专业化的有关项目市场定位、综合效益、用地选择、建设必要性和可行性等分析策划和技术咨询，协助业主进行项目立项，最终提出项目建议书、可行性研究报告或拟定设计任务书。

1) 项目建议书。项目建议书是项目建设筹建单位在符合国家、地方中长期规划前提下，经过调研分析，而向政府主管部门申请的有关拟建项目的申请文件，对拟建项目提出的框架性的总体设想。

项目建议书包括以下内容：

① 建设项目提出的必要性和依据。

② 拟建产品方案，建设地点的初步设想。

③ 资源条件、建筑条件、协作关系的初步分析。

④ 建设项目投资估算和筹资方法。

⑤ 建设项目经济和社会效益的初步评估。

2) 可行性研究报告。建设项目的可行性研究是对建设项目技术可行性和经济合理性的分析，从而提出该项目是否值得投资和怎样进行建设的意见，为项目决策提供可靠的依据。

其主要内容包括如下：

① 项目提出的背景，投资的必要性和经济意义，研究工作的依据和范围。

② 需求预测及拟建规模。

③ 资源、原材料、燃料及公共事业。

④ 建设的条件和建筑方案。

以上项目建议书和可行性报告主要是由建设单位来实施决策，但这一决策过程如果有相关专业人士的参与，将能够为建设单位提供更加专业、有效的可行性意见和计划，以利于项目的顺利开发和建设，因此，建设单位通常将这部分工作委托于设计咨询部门或设计单位以协助他们共同完成。

在进行前期策划服务时，一般由项目经理组织，项目主持人及有关专业负责人参加。首先，通过进行现场勘察，收集相关基础资料，掌握并确定工程项目批文、城市规划要求、选址报告、地形图、场地周边情况、基础设施建设、拍摄现场环境等；通过参观调研，包括实物参观和资料调研，对在功能、定位、规模、环境等方面相近的实例案例进行分析。其次，通过组织协调由相关专业和建设单位参与的研讨，了解目标需求，包括市场定位、投资规模、产品形态和特征，共同确定方案和技术措施。最后，通过专业化的市场研究与投资机会分析、投资估算与资金分析、规划和建设可能性分析，在概念性咨询方案的基础上形成一个完整的产品设定和分析成果。

（2）建筑设计服务

工程项目的设计根据建设程序和设计深度的不同分阶段进行。民用建筑工程设计一般分为方案设计、初步设计和施工图设计三个阶段（对于技术要求不高的民用建筑工程经有关部门同意，并且合同中有不做初步设计的约定，可在方案设计审批后直接进入施工图设计）。

1）方案设计服务：完成了设计前期的准备工作，从宏观上，建筑师对项目有了一个总体的概念，接下来进入建筑方案设计阶段。通过确定项目的基本性质、明确环境、功能和空间的要求，努力寻找解决建筑总体布局、功能需要、结构选型、环境景观、可持续发展以及经济性等多方面的一系列重大矛盾的最佳方案，同时与其他专业配合确定结构选型、设备系统等设想方案，并估算出工程造价，组织方案审定或评选，写出定案结论，并绘制方案报批图，最终形成能反映建筑项目性质与特点的场地总平面图，建筑方案平、立、剖面图。

2）初步设计服务：初步设计是介于方案设计和施工图设计之间，承前启后的设计阶段。方案设计审批后，根据方案设计，进一步确定结构方案，选择建筑材料，确定设备、电器配置系统，控制投资，初步完成各专业协调，配合建设单位办理相关的报批手续。

3）施工图设计服务：施工图设计是建筑设计的最后一个阶段，在取得初步设计审批文件之后，根据审批意见对初步设计进行必要的调整，各专业间形成达到施工和设备采购的深度要求，以及在施工招标时向委托人提供专业建议。

（3）设计后期服务

对于一个建筑师而言，完成施工图并不代表建筑设计工作已经完成，在将施工图交付业主之后，还有施工招投标配合和技术交底、施工现场配合与工程竣工验收等工作，从而保证项目的实施与最终设计图纸和说明书一致。

1）施工招投标配合：指在进行施工招投标时，建筑设计师根据完成的设计文件解答参与投标的施工单位提出的问题。

2）技术交底：施工和监理单位在组织施工前，针对设计图纸中的疑问与设计人员进行沟通与交流，并做相应记录。在此阶段，建筑师的工作主要是参与技术交底与图纸会审会议，听取施工单位以及监理单位提出的问题，并对这些问题给予解答。

3）施工现场配合：定期下工地了解施工情况，签发设计变更通知。

4）工程竣工验收：建筑师在这个时期是竣工验收委员会的成员之一，参与工程的竣工验收，提出问题，及时解决，保证工程质量。

2.1.2 设计工作的基本程序和基本内容

所谓设计工作的基本内容主要指建筑设计服务阶段和设计后期的部分工作内容。建筑设计服务阶段的工作内容，即：方案设计、初步设计和施工图设计，按照工程建设项目基本程序来划分,三者从时间进程上和设计深度要求上是依次递进的,相应的设计工作内容也不尽相同,而且,由于实际工程的具体要求和复杂程度不同,各设计阶段的工作内容在实际操作上也并非完全按照以上顺序依次进行,可能有所合并,比如以方案设计代替初步设计,也可能是交叉或多次反复逐步深化进行,以下列出各阶段基本的设计工作内容和程序以供参考(图2-2)。

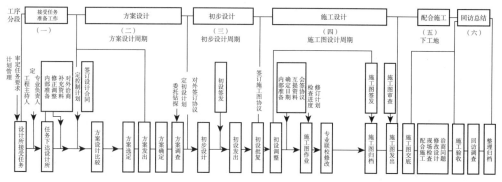

图2-2 建筑设计工作流程图

(1)设计准备

1)接受任务:设计单位承接设计任务后,根据工作规模、项目管理等级、岗位责任制确定项目组成员。项目组在设计总负责人的主持下开展设计工作。

2)收集相关资料及调研:设计总负责人首先要和有关的专业负责人一起研究设计任务书和有关批文,搞清建设单位的设计意图、范围和要求,以及政府主管部门批文的内容。然后组织有关人员去现场踏勘并与甲方座谈沟通,收集有关设计基础资料和当地政府的有关法规等。当工程需采用新技术、新工艺或新材料时,应了解技术要点、生产供货情况,使用效果、价格等情况。见习建筑师必要时还应到有经验的设计单位请教。建筑专业设计通常收集的资料见表2-1。

建筑专业设计通常所需收集的资料 表2-1

序号	资料	内容
1	有关文件	工程建设项目委托文件、主管部门审批文件、有关协议书
2	自然条件	地形地貌:海拔高度、场地内高差及坡度走向;山丘河湖和原有林木、绿地分布及有保留价值的建筑物等分布状况
		水文地质:土层、岩体状况、软弱或特殊地基状况;地下水位;标准冻深;抗震设防烈度
		气象:工程建设项目所处气候区类别;年最高和最低温度、年平均温度、最大日温差;年降雨量;主导风向;日照标准

续表

序号	资料	内　容
3	规划市政条件	道路红线、建筑控制线、市政绿化及场地环境要求
		建筑物高度、密度的限制；基地内容积率、绿地率、广场、停车场等方面的要求
		基地四周交通、供水、排水、供电、供热、供燃气、通信等状况
		基地附近商业网点服务设施、教育、医疗、休闲等配套状况
4	建设方意图	使用功能、室内外空间安排、交通流线等基本要求。体型、立面等形象艺术方面的要求
		建设规模、建设标准、投资限额
5	施工条件	当地建设管理部门及监理公司等方面状况，地方法规及特殊习惯做法
6	其他	当地施工队伍的技术、装备状况；当地建筑材料、设备的供应、运输状况

（2）确定本专业设计技术条件

在正式设计工作开展前，专业负责人应组织设计人、校对人与审定（核）人一起确定本专业设计技术条件。内容包括：

1）设计依据有关规定、规范（程）和标准；

2）拟采用的新技术、新工艺、新材料等；

3）场地条件特征，基本功能区划、流线、体型及空间处理创意等；

4）关键设计参数；

5）特殊构造做法等；

6）专业内部计算和制图工作中需协调的问题。

（3）进行专业间配合和互提资料

为保证工程整体的合理性，消除工程安全隐患，减少经济损失，确保设计按质量如期完成，在各阶段设计中专业之间均要各尽其责，互相配合，密切协作。在专业配合中应注意以下几点：

1）按设计总负责人制定的工作计划，按时提出本专业的资料；

2）核对其他专业提来的资料，发现问题及时返提；

3）专业间配合与互提资料应由专业负责人确认；

4）应将涉及其他专业方案性问题的资料尽早提出，发现问题尽快协商解决。

（4）编制设计文件

编制设计文件时，设计单位的工作人员应当充分理解建设单位的要求，坚决贯彻执行国家及地方有关工程建设的法规。设计应符合国家现行的建筑工程建设标准、设计规范（程）和制图标准以及确定投资的有关指标、定额和费用标准的规定，满足《建筑工程设计文件编制深度规定》（2008年版）对各阶段设计深度的要求，当合同另有约定时，应同时满足该规定与合同的要求；对于一般工业建筑（房屋部分）工程设计，设计文件编制深度尚应符合有关行业标准的规定。在工作中做到以下几点：

1）贯彻确定的设计技术条件，发现问题及时与专业负责人或审定（核）人商定解决；

2）设计文件编制深度应符合有关规定和合同的要求；

3）制图应符合国家及有关制图标准的规定；

4）完成自校，要保证计算的正确性和图纸的完整性，减少错、漏、碰、缺。

（5）专业内校审和专业间会签

设计工作后期，在设计总负责人的主持下各专业共同进行图纸会签。会签主要解决专业间的局部矛盾和确认专业间互提资料的落实。完成后由专业负责人在会签栏中签字。

专业内校审主要由校对人、专业负责人、审核人、审定人进行，要达到确认设计技术条件的落实，保证计算的正确和设计文件满足深度要求。设计人修改后，有关人员在相应签字栏中签字。

（6）设计文件归档

设计工作完成之后应将设计任务书、审批文件、收集的基础资料、全套设计文件（含计算书）、专业互提资料、校审纪录、工程洽商单、质量管理程序表格等提交相关部门归档。

另外，施工图设计完成并不意味着建筑师工作的结束，之后还需要进行施工配合工作：向建设、施工、监理等单位进行技术交底；解决施工中出现的问题；出工程洽商或修改（补充）图纸；参加隐蔽工程的局部验收。

2.2 方案设计与设计招投标

对于一名刚踏入设计单位的实习学生，方案设计是接触较多且较为容易上手的。因此，充分了解设计方案设计的要点和招投标的过程，能够帮助实习学生调整在学校当中养成的方案设计习惯，快速并充分地融入设计单位工作当中，完成符合要求的设计方案。

2.2.1 方案设计

方案设计是一个工程项目的灵魂，是全设计阶段最具挑战性的一个环节。方案设计的好坏是决定项目投标或设计竞赛是否成功的重要衡量条件，也是实习阶段学生主要参与的起始阶段。

（1）方案设计前的准备工作

1）当一个项目明确后，首先由设计单位领导明确项目的总负责人、各个专业配合的设计负责人,以及明确设计小组成员等设计力量。

2)仔细阅读项目的建议书和可行性研究报告。收集设计中所需的技术资料,做好方案的构思。

3)对方案中可能将要采取的新技术、新结构、新材料进行资料收集和调研。

(2)方案设计阶段的工作重点

1)协调处理建筑物各使用功能空间之间的关系:包括各功能空间与空间形态的协调性选择,不同使用空间的组成与布置,功能空间的交通组织与疏散,以及对于使用者特殊要求的满足等。

2)协调处理空间与结构之间的关系:根据建筑功能空间形态、结构体系特点及技术的经济性来确定结构方案,在经济的条件下保证空间使用的安全性。

3)协调处理建筑物与周围环境的关系:在前期场地分析的基础上,确定建筑物的位置,建筑物退让道路红线、用地界限的距离,建筑物与建筑物之间的日照间距,视觉间距要求,室外消防通道的位置,建筑的出入口,建筑高度及建筑竖向空间的使用等。

4)协调处理建筑美观问题:建筑形体、建筑风格等各方面的问题都应该从美学的角度来解决,并处理好空间、结构、材料之间的关系。

5)协调处理建筑设备的特殊要求:在方案设计阶段需要确定建筑设备各系统的可行性,并对设备系统的特殊要求予以提前考虑。例如,特殊的设备要求是决定建筑层高的主要因素,同时,也可能对建筑空间提出特殊要求。

6)协调处理建筑经济性问题:在方案阶段,要对项目的总体投资进行估算,以便建设方掌握项目总体费用,建筑专业人员要了解并学会控制基本的投资情况。

(3)方案设计阶段的工作步骤及主要内容(表2-2、表2-3)。

方案设计阶段的工作步骤与主要内容　　　　　　表2-2

项目分析	场地分析	通过前期的资料收集和实地考察,对项目的用地状况和周边环境限制条件进行分析,其中包括对地形、地貌、周边环境、自然景观、有害的因素、不良地质,以及道路交通和周边的配套服务设施
	功能分析	功能分析是针对客户要求的行为空间的专业性还原和重组。这是实现建筑品质的最本质手段。首先要明确客户的功能要求,包括建筑在城市中的功能,建筑的外部功能和建筑内部功能。通过以上各功能的单独分析和总体分析,从而帮助设计者找到空间的需求、各功能的最佳表达和最佳组合、各种流线关系、动静分区、污染和干扰的分离
	典型事例的分析	利用平时积累下的丰富资料,找出国内外同类型建筑中的成功典例或者相近实例,与客户共同探讨相关的问题,也可以单独或者与客户一起亲临实例建筑的现场进行实地的调查研究。从而在实例的分析过程中,找到与客户共同认可之处,这样就可以给项目设计以准确的定位
	其他分析	地方材料和新材料、新设备分析,工期和造价分析等

续表

方案形成与确定	多方案形成与比较	主要工作内容是多草图比选和定稿。在这个阶段,思维和想象是最重要的
	各专业配合建筑深化	在建筑研究讨论定向的基础上确定方向,分发各专业:建筑专业首先给其他相关专业提供资料,整理好建设单位提供的相关设计文件、资料,为各个专业设计提供依据;各个专业在接收建筑专业的资料以后应根据工程情况向建筑专业反馈技术要求和调整意见,协助建筑专业完善、深化方案设计
	最终方案的评审与提出	由项目主持人主持方案的评审,对确定的拟投标方案的设计图纸、文字说明、主要技术经济指标、各专业设计方案说明等进行综合的评判审核,检查方案是否满足招标书要求,各专业是否存在技术问题,创新是否新颖,设计概念是符合项目定位
方案的完成与成果	设计细部的完善	对概念方案进行深化落实,利用更大比例尺、更准确的工作草图、工作模型,推敲平面和造型的每一个细节,把方案落实、深化到最终方案深度。然后细化 Sketchup 模型,做立面和小透视,并提交给效果图公司做鸟瞰和重点角度的透视图;同时深化平立剖面图,绘制准确的 CAD 图纸
	表现成果	通过表现透视图和表现模型以及分析图、意向图片等对设计概念和设计成果进行包装和制作。建筑的表现仅是一个建筑探索过程中的小结和预期目标。从这个目标到真正的建筑,还有着大量的艰巨工作要做
	编制设计文件	设计依据、设计要求、主要技术经济指标
		总平面设计说明书
		建筑设计说明书
		总平面设计图纸
		建筑方案设计图纸
	配合报建	通过方案的汇报,政府部门对设计成果进行审核,通过后,对设计成果进行修改,完成最终成果的提出和归档

方案设计(建筑专业)文件编制内容　　　　　表 2-3

分类名称		主要内容
设计说明书	设计依据、设计要求、主要技术经济指标	1. 列出相关设计依据性文件名称与文号; 2. 所依据的主要建设法规与标准; 3. 设计基础资料,如区域位置、气象、地形地貌、水文地质、抗震设防烈度等; 4. 建设方与政府部门对项目设计的相关要求; 5. 所委托的设计内容和范围; 6. 工程规模与设计标准; 7. 主要技术经济指标
	总平面设计说明	1. 场地现状及周边环境概述; 2. 总体方案构思、布局特点及竖向、交通、景观绿化、环境保护等具体措施陈述; 3. 方案规划实施计划

续表

分类名称		主要内容
设计说明书	建筑设计说明	1. 建筑平面和竖向构成：空间处理、立面造型、环境营造及环境分析（通风、采光、日照）； 2. 建筑功能布局和出入口、交通组织； 3. 建筑防火设计和安全疏散； 4. 无障碍、节能和智能化设计； 5. 建筑声学、热工、防水、屏蔽、防护及人防等特殊设计说明
设计图纸	总平面设计	1. 场地区域位置； 2. 场地范围（用地和建筑物交点坐标或定位尺寸、道路红线）； 3. 场地内及周边原有环境状况表示； 4. 场地内拟建道路、停车场、广场、绿地及建筑布置、尺寸与间距； 5. 拟建主要建筑名称、出入口、层数、设计标高； 6. 指北针或风玫瑰、绘图比例； 7. 按需要绘制反映方案特征的分析图，如功能分区、空间组合、景观分析、交通分析、地形分析、绿地分析、日照分析、分期建设等
	建筑设计	1. 平面图；2. 立面图；3. 剖面图；4. 透视表现图，根据需要制作模型

注：该表参照国标图集05SJ810。

2.2.2 设计招投标

根据《建筑工程方案设计招标投标管理办法》的规定，重点建筑工程的方案设计主要以招投标方式确定。因此，很多大型建设项目要进行建筑项目的设计招标，邀请多个设计单位对该项目进行方案设计，然后设计单位的建筑师将工程信息转化为图纸语言，提供可行的规划与建筑方案供建设方选择，评审委员会对多个投标方案进行综合的比较，最终确定一个最佳的方案设计作为实施方案。

（1）定义

招标是指由招标人发出招标公告或通知，邀请潜在的投标人进行投标，最后由招标人通过对各投标人所提出的成果文件进行综合比较，确定其中最佳的投标人为中标人，并与之最终签订合同的过程。

投标是指投标人接到招标通知后，根据招标通知的要求完成招标文件（也称标书），并将其送交给招标人的行为。

可见，从狭义上讲，招标与投标是一个过程的两个方面，分别代表了采购方和供应方的交易行为。

（2）方案设计招标方式

方案设计招标分为公开招标和邀请招标两种方式：

1）公开招标，是指招标人以招标公告的方式邀请不特定的设计单位或个人进行投标。

2）邀请招标，是指招标人以投标邀请书的方式邀请特定的设计单位或个人进行投标。

(3) 需进行方案招投标的建设项目范围

1) 建设部规定的特、一级建设项目;
2) 重要地区或重要风景区的建设项目;
3) ≥4万 m^2 的住宅小区;
4) 当地建设主管部门划定范围的建设项目;
5) 建筑单位要求进行方案竞标的建设项目。

有保密或特殊要求的项目,经所在地区省级建设行政主管部门批准,可以不进行方案设计竞标。

(4) 方案招标书的内容

1) 工程名称、地址、占地面积、建筑面积等;
2) 已批准的项目建议书或者可行性研究报告;
3) 工程技术经济要求;
4) 城市规划管理部门确定的规划控制条件和用地红线图;
5) 可供参考的工程地质、水文地质、工程测量等建设场地勘察成果报告;
6) 供水、供电、供气、供热、环保、市政道路等方面的基础资料;
7) 招标文件答疑、踏勘现场的时间和地点;
8) 投标文件编制要求及评标原则;
9) 投标文件送达的截止时间;
10) 拟签订合同的主要条款;
11) 未中标方案的补偿办法。

招标文件一经发出,招标人不得随意变更。确需进行必要的澄清或者修改,应当在提交投标文件截止日期15日前,书面通知所有招标文件收受人。

(5) 方案投标文件编制深度要求

设计投标方案应符合国家、地方及行业的有关法律法规的规定。投标文件主要包括技术标和商务标,其编制深度见表2-4。

方案投标文件编制深度一览表　　　　表2-4

技术标		商务标
建筑方案设计	概念方案设计	
1. 工程方案设计综合说明书 2. 主要技术经济指标 3. 方案设计图 4. 工程投资估算和经济分析 5. 设计效果图或建筑模型 6. 招标文件要求提交的技术文件电子光盘或多媒体光盘	1. 总体构思、建筑、结构及节能等简要设计说明 2. 主要概念方案设计图 3. 主要技术经济指标(估算) 4. 主要设计效果图或工作模型 5. 招标文件要求提交的技术文件电子光盘或多媒体光盘	1. 投标公函及其附件 2. 投标人的资格和征信证明 3. 联合体协议书、法定代表人授权委托书等 4. 项目设计负责人、工种负责人、主要设计人的人员组成名单及资历和设计业绩 5. 设计周期及其保证设计进度、配合施工等服务措施

（6）评标

1）方案评定标准。评标委员会必须严格按照招标文件确定的评标标准和评标办法进行评审。评委应遵循公平、公正、客观、科学、实事求是的评标原则。

评价标准主要包括以下方面：

① 对方案设计符合有关技术规范及标准规定的要求进行分析、评价；
② 对方案设计水平、设计质量高低，对招标目标的响应度进行综合评审；
③ 对方案社会效益、经济效益及环境效益的高低进行分析、评价；
④ 对方案结构设计的安全性、合理性进行分析、评价；
⑤ 对方案的投资估算的合理性进行分析、评价；
⑥ 对方案规划及技术经济指标及其准确度进行比较、分析；
⑦ 对保证设计质量、配合工程实施、提供优质服务的措施进行分析、评价；
⑧ 对招标文件规定的废标或被否决的投标文件进行评判。

2）投标文件的作废。有下列情况之一者，参加竞标的文件宣布作废：

① 投标文件未经密封；
② 无相应资格的注册建筑师签字；
③ 无单位法定代表人（或委托代表人）的印章；
④ 注册建筑师受聘单位与投标人不符的；
⑤ 未按标书规定要求编制的文件；
⑥ 逾期送达；
⑦ 投标单位未参加评标会议。

2.3 初步设计

通常，项目的实施图纸要经过初步设计和施工图设计两个阶段。初步设计是一个承前启后的阶段，介于方案设计和施工图设计之间，它是方案设计的延伸与扩展，也是施工图设计的依据和纲领。初步设计文件主要用以方案研究、审批和概算使用。初步设计是建筑专业与外部各方，如业主、审批部门等，以及内部各专业交流最频繁、图纸调整最集中的阶段。其工作内容繁杂，工作量也很大，是格外重要的一个阶段。

2.3.1 初步设计阶段建筑专业工作程序

初步设计阶段建筑专业工作程序如图 2-3 所示。

2.3.2 初步设计阶段建筑专业工作内容

1）设计准备：首先在接受设计任务后，收集相关的资料，对方案本身根据原有方案审查和业主意见修改设计方案。

2）发条件图和技术交底：根据方案批复意见修改后为其他各个专业提供建筑平、立、剖面图，总图；确定设计依据、方案、主要参数、做法等，将规划部门认可和建设方审定的建筑方案图纸，交由结构、电气、水暖、空调专业，提出需确定的设计条件，并对其他专业进行技术交底。

3）协调各专业技术设计：协调各专业，确定结构体系，确定各种设备系统，定位设备机房，安排垂直管道的位置与走向，研究水平管道以确定标高，发现、协调、解决各专业间的问题和矛盾。将这些条件和建筑本专业的深化意见和图纸调整一起先报给建设方，确认后由建筑专业在图纸上进一步落实反馈意见，然后回提给各个专业。方可满足一轮调整。如此反复进行，直至解决主要技术问题，建筑图纸报批为止。

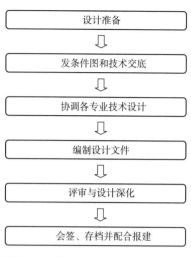

图 2-3 初步设计阶段建筑专业工作程序

4）编制设计文件：通过设计计算后，制图并编制设计文件。编制内容包括：总图、说明书、建筑说明书（表 2-5、表 2-6）。

5）评审与设计深化：由项目主持人主持设计综合评审会议，对设计进行全面评审和验收。在各个专业协调的基础上发展和深化设计，确定达到设计深度要求，并满足方案设计开始的设计目标和业主要求。

6）会签、存档并配合报建：在政府审批要求的调研和沟通基础上，经各专业修改并确定互提资料落实、设备用房和管道综合等相关问题解决后，各专业负责人对各相关图纸进行会审和互认会签，各专业图纸经校对、审核或审定后出图，成图后，需在建筑图纸上加盖注册建筑师印章，作为正式设计成果文件资料，并按档案管理规定要求归档。

初步设计（建筑专业）文件编制内容   表 2-5

分类名称	主要内容
设计总说明	1. 工程设计依据：贯彻国家政策、法规、主管部门批文、方案设计等文号或名称；城市或地区的气象、地理、地质条件，公用设施，交通条件；规划、用地、环保、卫生、绿化、消防、人防、节能、无障碍抗震等要求和依据资料；建设方提供的功能使用要求等资料；工程概况、建筑类别、性质、面积、层数、高度等；工程采用的主要法规、规范、标准等
	2. 工程建设规模和设计范围：工程项目的组成和设计规模；分期建设的情况；承担设计的范围与分工
	3. 设计指导思想与设计特点：建筑设计构思、理念与特色；采用新技术、新材料、新结构；环保、安全、防火、交通、用地、节能、人防、抗震等主要设计原则；根据使用功能要求，对总体布局及选用标准的综合叙述
	4. 主要技术经济指标：总用地面积；总建筑面积；其他相关技术经济指标

续表

分类名称		主要内容
总平面设计	总平面设计说明书	1. 设计依据及基础资料：摘述方案设计依据资料及批文中有关内容；规划许可条件及对总平面布局、环境、空间、交通、环保、文物保护、分期建设等方面的特殊要求；工程采用的坐标，高程系统 2. 场地概述：工程名称及位置，周边原有和规划的重要建筑物和构筑物；概述地形地貌；描述场地内原有建筑物、构筑物，以及保留（名木、古迹等）、拆除的情况；摘述与总平面设计有关的自然因素，如地震、地质、地质灾害等 3. 总平面布置：说明如何因地制宜布置建筑物，使其满足使用功能和城市规划要求及经济技术合理性；说明功能分区原则，远近相结合，发展用地的考虑；说明室内外空间的组织及其与四周环境的关系；说明环境景观设计与绿地布置等 4. 竖向设计：说明竖向设计的依据；说明竖向布置方式、地表雨水的排除方式等；初平土石方工程量 5. 交通组织：说明人流和车流的组织，出入口、停车场（库）布置及停车数量；消防车道和高层建筑消防扑救场地的布置；道路的主要设计技术条件 6. 主要技术经济指标表
	总平面设计图纸	1. 区域位置图（根据需要绘制） 2. 总平面图：保留的地形、地物，测量坐标网、坐标值、场地范围的测量坐标或定位尺寸，道路红线、建筑红线或用地界线；场地周边原有及规划道路和主要建筑物及构筑物；道路、广场的主要坐标（或定位尺寸），停车场、停车位、消防车道及高层建筑消防扑救场地的布置，必要时加绘交通流线示意；绿化、景观及休闲设施的布置示意 3. 竖向布置图：场地范围的测量坐标值（或尺寸）；场地四邻的道路、地面、水面及其关键性标高；保留的地形、地物；建筑物、构筑物，拟建建筑物、构筑物的室内外设计标高；主要道路、广场的起点、变坡点、转折点和终点的设计标高，以及场地的控制性标高；用箭头或等高线表示地面坡向，并表示出护坡、挡土墙、排水沟等；指北针；根据需要利用竖向布置图绘制土方图及计算初平土方工程量 4. 鸟瞰图或模型
建筑设计	建筑设计说明	1. 设计依据及设计要求：摘述任务书等依据性资料中与建筑专业有关的内容；表述建筑类别和耐火等级、抗震设防烈度、人防等级、防水等级及适用规范和技术标准；简述建筑节能和建筑智能化等要求 2. 建筑设计说明：概述建筑物使用功能和工艺要求，建筑层数、层高和总高度，结构选型和设计方案调整的原因、内容；简述建筑的功能分区、建筑平面布局和建筑组成，以及建筑立面造型、建筑群体与周围环境的关系；简述建筑的交通组织、垂直交通设施的布局，以及所采用的电梯、自动扶梯的功能，数量和吨位，速度等参数；综述防火设计的建筑分类、耐火等级、防火防烟分区的划分、安全疏散以及无障碍、节能、智能化、人防等设计情况和所采用的特殊技术措施；主要技术经济指标（包括能反映建筑规模的各种指标） 3. 对需分期建设的工程，说明分期建设内容 4. 对幕墙、特殊层面等需另行委托设计、加工的工程内容作必要的说明

续表

分类名称		主要内容
建筑设计	建筑设计图纸	1. 平面图：标明承重结构的轴线、轴线编号、轴线尺寸和总尺寸；绘出主要结构和建筑构配件，如非承重墙、壁柱、门窗、幕墙、天窗、楼梯、电梯、自动扶梯、中庭及其上空、夹层、平台、阳台、雨篷、台阶、坡道、散水明沟等位置；表示主要建筑设备的位置，如水池、卫生器具或设备专业有关的设备等；表示建筑平面或空间的防火分区和防火分区分隔位置和面积；标明室内外地面设计标高及地上、地下各层楼地面标高 2. 立面图：立面外轮廓及主要结构和建筑部件的可见部分，如门窗（幕墙）、雨篷、檐口（女儿墙）、屋顶、平台、栏杆、坡道台阶和主要装饰线脚等 3. 剖面图：剖面应剖在层高、层数不同、内外空间比较复杂的部位，剖面图应准确、清楚地标示出剖到或看到的各相关部分的内容，并应表示内、外承重墙、柱的轴线、轴线编号；结构和建筑构造部件，如地面、楼板、屋顶、檐口、女儿墙、梁、柱、内外门窗、天窗、楼梯、电梯、平台、雨篷、阳台、地坑、台阶、坡道等；各种楼地面和室外标高，以及室外地坪至建筑物檐口或女儿墙顶的总高度，各楼层之间尺寸

注：该表参照国标图集05SJ810。

民用建筑主要技术经济指标表　　表2-6

序号	名称	单位	数量	备注
1	总用地面积	hm²		
2	总建筑面积	m²		地上、地下部分可分列
3	建筑基底总面积	hm²		
4	道路广场总面积	hm²		含停车场面积，并注明泊位数
5	绿地总面积	hm²		可加注公共绿地面积
6	容积率			总建筑面积/总用地面积
7	建筑密度	%		建筑基底总面积/总用地面积
8	绿地率	%		绿地面积/总用地面积
9	小汽车停车泊位数	辆		室内、室外分列
10	自行车停放数	辆		

注：该表参照国际图集05SJ810。

2.3.3 扩大初步设计

当工程项目比较复杂，许多工程技术问题和各工种之间的协调问题在初步设计阶段无法确定时，就需要在初步设计和施工图设计之间插入一个技术设计阶段，形成三阶段设计。技术设计的主要任务是在初步设计的基础上，进一步确定各专业间的具体技术问题，使各专业之间取得统一，达到相互配合协调。在技术设计阶段各专业均需绘制出相应的技术图纸，写出有关设计说明和初步计算等，为施工图设计提供比较详细的资料。有时可将技术设计的一部分工作纳入初步设计阶段，称为扩大初步设计，简称扩初。

扩初深度界于初设与施工图之间，是大型工程为更好地找出设计中的不足而设置的一个设计阶段。现在已成为房地产项目要求施工图设计前达到的一个设计阶段，也是许多建筑专业设计单位和境外事务所移交设计任务的最后一个设计阶段。

2.3.4 初步设计审批

初步设计用于确定建设项目各专业技术方案的可行性，同时也确定能否与城市各项基础设施系统相接。因此，必须经城市规划及相关市政配套部门审批，审批方式为由业主主持邀请各部门人员召开初步设计评审会，设计人员听取意见，并按最终城市规划主管部门下发的审批意见单修改。

2.4 施工图设计

在初步设计文件经政府相关主管部门审查批复，甲方对相关问题给予明确后，建筑设计工作就进入了最终施工图设计阶段。施工图设计是建筑设计所有阶段中的最后一个阶段，是初步设计的进一步细化，是施工的依据和纲领。

施工图设计是将已经批准的初步设计图从技术合理、满足施工要求的角度予以具体化，相应的设计文件应满足设备材料采购和施工的需要，为施工提供正确、完整的图样和技术资料。

2.4.1 施工图设计阶段建筑专业工作流程

施工图设计阶段工作流程与初步设计，工作程序是基本一样的，只是在具体工作时，应依据国家规范、建设单位要求及各专业提出的资料，补充初步设计文件审查变更后需重新修改和补充的内容，并进行相关计算，达到施工和设备采购所需的深度要求，建筑专业则需把建筑设计落实到每一堵墙、每一扇门窗、每一个节点的具体做法。

设计单位开始施工图设计前，建设方应将以下资料准备好作为设计依据：地质勘测报告、甲方和市政部门的扩初设计意见和批复、市政配套的具体条件。有特殊的结构、保温、设备等要求需要合作设计的，也应及时介入施工设计过程中。

与初步设计的流程类似，施工图设计需要先将初步确定的建筑图纸交由结构、电气、水暖、空调专业，提出深化的要求。建筑专业按照综合意见调整图纸，然后回提给各个专业。各专业确认后，应据此设计和绘图。同时，建筑专业应将特殊的施工要求绘制为大样图。

2.4.2 施工图设计阶段建筑专业的工作内容

施工图设计成果包括建筑、结构、水暖和电气设备等所有专业的基本图、大样图及其说明书、计算书等。此外还应有整个工程的施工预算书。施工图图纸必须详细完整、前后统一，符合国家建筑制图标准。

建筑施工图设计主要侧重于三个方面：一是按照方案设计中的功能、体块、空间等要求继续进行总体控制，在施工图中细化；二是在初步设计的基础上，进一步确定各专业间的技术衔接；三是将建筑中特殊的施工要求表达为大样图，具体规定各种构件与配件的尺寸与形式，以便在施工中能得到准确的组合。

在全套施工图中，建筑图具有基础性和主导作用，是其他各专业的设计依据。建筑专业必须先提出作业图作为各专业的设计条件。没有准确的建筑图，相关专业就无法进行施工图设计。可以说，建筑施工图是结构、给水排水、供热、通风、电气、概预算等相关专业设计的根本依据。

同初步设计一样，建筑专业仍负有组织协调各专业技术合作的职责。同时应深入进行技术协调，使各专业之间取得统一，保持各专业设计与建筑设计的一致性。一般来说，项目都是由相关专业组成的设计团队共同协作完成的，高度配合的工作主要由项目的建筑设计总负责人来组织和协调，包括拟定设计进度、统一制图标准，组织内、外协商与沟通，协调解决设计过程中出现的各种问题等，施工图设计完成后，还要组织图纸交底、联合审查、归档和施工现场配合等工作。

2.4.3 施工图设计文件内容

施工图设计阶段提交的设计文件包括各专业施工图和工程预算书。具体内容如表2-7、表2-8所示：

施工图设计文件内容 表2-7

图纸名称	简称	内容
建筑施工图	建施	封面、目录（标准图索引表）、建筑设计总说明、总平面图、工程做法、门窗表、建筑平面图、建筑立面图、建筑剖面图和建筑详图等
结构施工图	结施	封面、目录（标准图索引表）、结构设计总说明、地基基础布置图、结构平面布置图和各构件的结构详图等
设备施工图	设施	封面、目录（标准图索引表）、设备设计总说明、主要设备和材料选用表、给水排水、供热通风、电气专业的平面布置图、系统图和详图
工程预算	预算书	单位工程预算书、综合预算书、总预算书、工程量清单等

施工图设计（建筑专业）文件编制内容　　　　表2-8

分类名称		主要内容
总平面设计	设计总说明	1. 本图坐标、高程系统等； 2. 如重复利用某工程的施工图纸及其说明时，应详细说明其编制单位、工程名称、设计编号和编制日期； 3. 列出主要技术经济指标表
	总平面布置图	1. 保留的地形、地物； 2. 测量坐标网、坐标值； 3. 拟建建筑物、构筑物的名称或编号、层数、定位尺寸； 4. 拟建广场、停车场、运动场、道路、无障碍设施、排水沟、挡土墙、护坡的定位尺寸； 5. 指北针或风玫瑰图
	竖向布置图	1. 场地测量坐标网、坐标值； 2. 场地四邻的道路、水面、地面的关键性标高； 3. 建筑物、构筑物名称或编号，室内外地面设计标高及坡度； 4. 广场、停车场、运动场地的设计标高及坡度； 5. 道路、排水沟的起点、变坡点、转折点和终点的设计标高、纵坡度、纵坡距、关键性坐标； 6. 用坡向箭头或等高线表明地面坡向
	土方图	1. 场地四界的施工坐标； 2. 设计的建筑物、构筑物的位置； 3. 20m×20m 或 40m×40m 方格网及其定位，各方格点的原地面标高、设计标高、填挖高度、填区和挖区的分界线，各方格土方量，总土方量
	绿化	1. 绘出总平面布置； 2. 绿地（含水面）、人行步道及硬质铺地的定位； 3. 建筑小品位置（坐标或定位尺寸）、设计标高、详图索引
	详图	道路横断面、路面结构、挡土墙、护坡、排水沟、池壁、广场、运动场地、活动场地、停车场地面详图等
建筑设计	施工图设计说明	1. 本工程施工图设计的依据性文件、批文和相关规范； 2. 项目概说：建筑名称、建设地点、建设单位、建筑面积、建筑基底面积、建筑工程等级、设计使用年限、建筑层数和建筑高度、防火设计建筑分类和耐火等级、人防工程防护等级、屋面防水等级、地下室防水等级、抗震设防烈度等，以及能反映建筑规模的主要技术经济指标； 3. 设计标高，本工程相对标高与总图绝对标高的关系； 4. 用料说明和室内外装修； 5. 对采用新技术、新材料的做法说明及对特殊建筑造型和建筑构造的说明； 6. 门窗表； 7. 幕墙工程及特殊屋面工程的性能及制作要求； 8. 电梯（自动扶梯）选择及性能说明

续表

分类名称		主要内容
建筑设计	设计图纸	平面图 1. 承重墙、柱及其定位轴线编号，内外门窗位置； 2. 轴线总尺寸、轴线间尺寸、门窗洞口尺寸、分段尺寸； 3. 墙身厚度，扶壁柱宽、深尺寸，及其与轴线关系尺寸； 4. 变形缝位置、尺寸及做法索引； 5. 主要建筑设备和固定家具的位置及相关做法索引； 6. 电梯、自动扶梯、楼梯（爬梯）位置和楼梯上下方向示意和编号索引； 7. 主要结构和建筑构造部件位置、尺寸和做法索引，如中庭、天窗、地沟、地坑、重要设备或设备基座的位置尺寸、各种平台、夹层、人孔、阳台、雨篷、台阶、坡道、散水、明沟等； 8. 墙体及楼地面预留孔洞和通风管道、管线竖井、烟囱、垃圾道等位置、尺寸和做法索引； 9. 室外地面标高、底层地面标高、各楼层标高、地下室各层标高； 10. 屋顶平面 立面图 立面外轮廓及主要结构和建筑构造部件的位置，如女儿墙顶、檐口、柱、变形缝、室外楼梯和垂直爬梯、室外空调机搁板、阳台、栏杆、台阶、坡道、花台、雨篷、烟囱、勒脚、门窗、幕墙、洞口、门头、雨落管及其他的装饰构件、线脚和粉刷分格线等，以及关键控制标高的标注，如屋面或女儿墙标高等；外墙的留洞应注尺寸与标高，以及轴线编号 剖面图 1. 剖切到或可见的主要结构和建筑构造部件，如室外地面、底层地（楼）面、地坑、地沟、各层楼板、夹层、平台、吊顶、屋架、屋顶、出屋顶烟囱、天窗、挡风板、檐口、女儿墙、爬梯、台阶、坡道、散水、天台、阳台、雨篷、洞口及其他装修等可见的内容； 2. 高度尺寸。外部尺寸：门、窗、洞口高度、层间高度、室内外高差、女儿墙高度、建筑总高度；内部尺寸：地坑（沟）深度、隔断、内窗、洞； 3. 标高：主要结构和建筑构造部件的标高，如地面、楼面（含地下室）、平台、吊顶、屋面板、屋面檐口、女儿墙项、高出屋面的建筑物、构筑物及其他屋面特殊构件等标高，室外的地面标高； 4. 墙、柱、轴线和轴线编号，以及节点构造详图索引号 详图 1. 内、外墙节点、楼梯、电梯、厨房、卫生间等局部平面放大和构造详图； 2. 室内外装饰构造、线脚、图案等； 3. 特殊的或非标准门、窗、幕墙等应有构造详图； 4. 其他凡在平、立、剖面或文字说明中无法交代或交代不清的建筑构配件和建筑构造

注：该表参照国标图集05SJ810。

2.4.4 施工图设计审批

设计单位完成施工图设计文件之后，应报送城市规划主管部门审批。一般城市规划主管部门委托具有审图资质的审图机构对设计单位完成的施工图文件进行审查，由审图单位各专业技术人员对报送的施工图文件分专业进行审查并提出意见。审查内容包括是否违反工程建设强制性规范、是否违反工程建设一般性规范以及对报审项目的建议性意见。设计单位必须书面回复。违反强制性规范、规定的必须修改；其他问题可与审图单位专业人员沟通后修改；对好的意见和建议应积极采纳。设计单位这一阶段的修改应作为设计变更下发施工单位执行。

经审查合格并允许通过的施工图方可用于施工建设。建设单位或个人在取得建设工程规划许可证和其他有关批准文件后，方可办理开工手续。

2.5 施工阶段的设计配合

2.5.1 设计交底与图纸会审

设计交底就是在图纸经过审查后，建设单位组织设计单位、施工单位以及监理单位以会议的形式进行相互沟通。会议一般先由设计单位阐述设计理念、意图以及设计中的一些需要重视的问题，施工单位在收到图纸后，安排各专业人员熟悉图纸，提出问题，设计人员予以解答。

图纸会审是施工单位和监理单位在拿到图纸后进行的一项工作，对图纸进行审核，发现问题或有不理解的地方提前做好记录，并且对设计中存在的疑问或是问题进行汇总，在图纸会审时一起向设计单位提出，以便得到解答。

（1）设计交底与图纸会审的目的

为了便于参与工程建设的各单位、各专业了解工程设计的主导思想、建筑构思、建筑所采用的新技术、新工艺、新材料、新设备的要求以及施工中应特别注意的事项，掌握工程关键部分的技术要求，确保工程质量，设计单位应对提交的施工图纸进行系统有序的设计交底。

为了减少图纸中的差错、遗漏、矛盾，将图纸中的质量隐患与问题消灭在施工之前，使设计施工图纸更符合施工现场的具体要求，避免返工浪费，因此要求监理部门、设计单位、建设单位、施工单位及其他有关单位对设计图纸在自审的基础上进行综合的图纸会审。

设计交底与图纸会审既是保证工程质量的重要环节，也是保证工程顺利施工的主要步骤。

（2）设计交底与图纸会审应遵循的原则

1）设计交底和图纸会审时，设计单位的各专业之间相互关联的图纸必须提交齐全、完整。对施工单位急需的专项图纸也可提前交底与会审，但在所有成套图纸到齐后需再统一交底与会审。

2）在设计交底与图纸会审之前，各单位包括建设单位、监理部及施工单位和其他有关单位必须事先指定主管该项目的有关技术人员看图自审，初步审查本专业的图纸，进行必要的审核和核算工作。各专业图纸之间必须核对。

3）设计交底与图纸会审时，设计单位必须派负责该项目的主要设计人员出席。经过建设单位确认的工程图纸才可以进行设计交底和图纸会审。未经确认工程图纸不得交付施工。

4）凡直接涉及设备制造厂家的工程项目及施工图，应由订货单位邀请制造厂家代表到会，与到会的建设单位、监理部与设计单位的代表一起进行技术交底与图纸会审。

（3）设计交底与图纸会审的工作程序

设计交底与图纸会审的工作程序如图2-4所示。

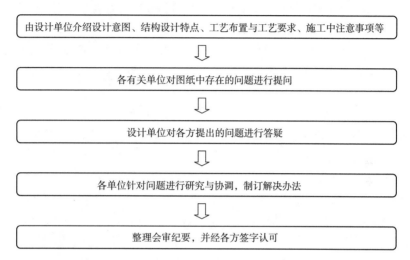

图2-4 设计交底与图纸会审的工作程序

2.5.2 设计变更与工程洽谈

设计变更是指施工图编绘出来之后，经过设计单位、建设单位和施工企业洽商同意对原设计进行的局部修改，而且对原设计影响较小，只要甲乙方同意就可以实施。

工程洽谈是施工单位为了便于施工，或甲方意图有所改变，或发现了图纸会审时没有发现的图纸问题，向设计单位提出意见，进行商讨解决。

（1）设计变更的原因

1）图纸会审后，设计单位根据图纸会审纪要与施工单位提出的图纸错误、建议、要求，对设计进行变更修改。

2）在施工过程中，发现图纸设计有遗漏或错误，由建设单位转交设计单位，设计单位对设计进行修改。

3）建设单位在施工前或施工中，根据情况对设计提出新的要求，如增加建筑面积、提高建筑和装修标准、改变房间使用功能等，设计单位根据这些新要求，对设计予以修改。

4）因施工本身原因，如施工设备不能满足施工要求、施工工艺有所局限、工程质量存在问题等，需设计单位协助解决问题，设计单位在允许的条件下，对设计进行变更。

5）施工中发现某些设计施工条件与实际情况不相吻合，此时必须根据实际情况对设计进行修改。

6）由于征地拆迁、规范以及政策有所改变，对原先的设计进行调整，以满足当时需要。

7）由于规划有所调整，也会导致对设计图纸进行局部的修改。

（2）设计变更的办理手续

由施工单位提出变更与理由，然后以书面形式报告给监理单位及建设单位后，建设单位根据变更的内容与监理单位、设计单位共同洽商，然后由设计单位出具正式的"变更洽商"及"变更图"。然后由设计单位或设计单位代表签字（或盖章），通过建设单位提交给施工单位。施工单位直接接受设计变更是不合理的。

（3）设计变更处理办法

1）对于变更较少的设计，设计单位可以通过变更通知单，由施工单位自行修改，在修改的地方盖图章，注明设计变更编号；若变更较大，则需设计单位附加变更图纸，或由设计单位另行设计图纸。

2）设计变更若与以前洽商记录有关，要进行对照，看是否存在矛盾或不符之处。

3）若是施工中的设计变更对施工产生直接影响，如施工方案、施工机具、施工工期、进度安排、施工材料，或提高建筑标准、增加建筑面积等，均涉及工程造价与施工预算，应及时与建设单位联系，根据承包合同和国家有关规定，商讨解决办法。

4）若设计变更与分包单位有关，应及时将设计变更有关文件交给分包施工单位。

5）设计变更的有关内容应在施工日志上记录清楚，设计变更的文本应登记、复印后存入技术档案。

（4）工程洽谈记录

在施工中，建设、施工、设计三方应经常举行会晤，解决施工中出现的各种问题，对于会晤洽谈的内容应以洽商记录方式记录下来。

1）洽商记录应填写工程名称，洽商日期、地点、参加人数、各方参加者的姓名；

2）在洽商记录中，应详细记述洽谈协商的内容及达成的协议或结论；

3）若洽商与分包商有关，应及时通知分包商参加会议，并参加洽商会签；

4）凡涉及其他专业时，应请有关专业技术人员会签，并发给该专业技术人员洽商单，注意专业之间的影响。

5）原洽商条文在施工中因情况变化需再次修改时，必须另行办理洽商变更手续。

6）洽商中凡涉及增加施工费用，应追加预算的内容，建设单位应给予承认。

7）洽商记录均应由施工现场技术人员负责保管，作为竣工验收的技术档案资料。

2.5.3 工程验收

工程的竣工，是指房屋建筑通过施工单位的施工建设，业已完成了设计图纸或合同中规定的全部工程内容，达到建设单位的使用要求，标志着工程建设任务的全面完成。

建筑工程竣工验收，是施工单位将竣工的建筑产品和有关资料移交给建设单位，同时接受对产品质量和技术资料审查验收的一系列工作，它是建筑施工与管理的最后环节。通过竣工验收，甲乙双方核定技术标准与经济指标。如果达到竣工验收要求，则验收后甲乙双方可以结束合同的履行，解除各自承担的经济与法律责任。

（1）竣工验收工作的组织

为了加强对竣工验收工作的领导，一般在竣工之前，根据项目的性质、规模，成立由生产单位、建设单位、设计单位和建设银行等有关部门组成的竣工验收委员会。某些重要的大型建设项目，应报国家发改委组成验收委员会。

（2）竣工验收工作的步骤

竣工验收工作的步骤如图 2-5 所示。

图 2-5　竣工验收工作的步骤

1）竣工验收准备工作。在竣工验收之前，建设单位、生产单位和施工单位均应进行验收准备工作，其中包括：

① 收集、整理工程技术资料，分类立卷；

② 核实已完工程量和未完工程量；

③ 工程试投产或工程使用前的准备工作；

④ 编写竣工决算分析。

2）预验收。施工单位在单位工程交工之前，由施工企业的技术管理部门组织有关技术人员对工程进行企业内部预验收，检查有关的工程技术档案资料是否齐备，检查工程质量按国家验收规范标准是否合格，发现问题及时处理，为正式验收做好准备。

3）工程质量检验。根据国家颁布的"建筑工程质量监督条例"规定，由质量监督站进行工程质量检验。质量不合格或未经质量监督站检验合格的工程，不得交付使用。

4）正式竣工验收。由各方组成的竣工验收委员会对工程进行正式验收。首先听取并讨论预验收报告，核验各项工程技术档案资料，然后进行工程实体的现场复查，最后讨论竣工验收报告和竣工鉴定书，合格后在工程竣工验收书上签字盖章。

5）移交档案资料。施工单位向建设单位移交工程交工档案资料，进行竣工决算，拨付清工程款。由于各地区竣工验收的规定不尽相同，实际工作中应按照本地区的具体规定执行。

第 3 章
设计工作实例评析

实习是一个由模拟学习到技术操作，参与到真实工作中的过程。理想的实习过程最好经历由易到难、由部分到整体的学习阶段，通过指导老师的讲解、示范和审核，亲自操作，参加一个项目从方案设计、报规、初步设计到施工图设计的全过程。而现实的实习难免存在随机性和不确定性。因为教学进度安排与设计单位的项目进度很难同步，实习生介入项目的设计阶段往往是随机的。学生不能主动安排实习计划，也使实习教学与预期效果产生了一定的差距。

本章将以北方城市某居住区规划及建筑设计作为案例，按照从方案投标到施工图设计进行整个工作过程的评析，以便同学们较完整地了解设计工作的基本内容和程序。

3.1 方案投标设计实例

3.1.1 方案投标设计工作要点

对于重点开发项目，业主在委托方案设计之前，需向发改委递交可行性研究报告申请立项，向国土局取得土地使用权。凭土地出让合同到规划行政部门申报，取得规划用地红线图，从测绘单位获取测绘地形图，然后拟定招标文件，组织设计招投标。其中，招标文件的任务书、规划红线图、测绘地形图、相关国家规范、地方法规等都是方案设计的基本依据。方案成果一般是按建筑设计方案编制深度要求制作的文本，包括说明、图纸、模型及多媒体汇报文件等内容。

(1) 方案投标工作流程

方案设计通常分为项目分析、方案形成与确定和制作完成三个阶段（图3-1）。重要项目需要由主创人员组成工作组，协作完成设计工作。设计周期一般为两周到一个月。

项目分析阶段约占方案设计40%的时间，主要工作是相关资料的分析研究，包括任务书、场地条件、相关案例以及新技术、材料等方面。分析成果为现状地形图、现场照片和案例分析文件。这些基础资料可以从学生阶段就开始积累，便于为设计工作寻找切入点。

方案形成与确定阶段约占方案设计30%的时间。主要工作是多草图比选和定稿。从总图到建筑方案，需要每个成员产生1~2个构思，在讨论中逐渐推进设计，深入到每个细节。本阶段多以气泡图和方块图的形式研究功能关系，以Sketchup模型的形式研究建筑形态关系。

气泡图好比方案的胚胎。每个气泡代表一项功能，根据使用关系串在一起，确定总平面和建筑布局中最基本的功能关系。方块图其实就是将任务书的面积指标图形化，将各功能区的房间表示为不同颜色的方块。把需要的房间大致罗列出来，每种颜色对应一种功能。将方块图细化到气泡图中，方案就基本成形了。

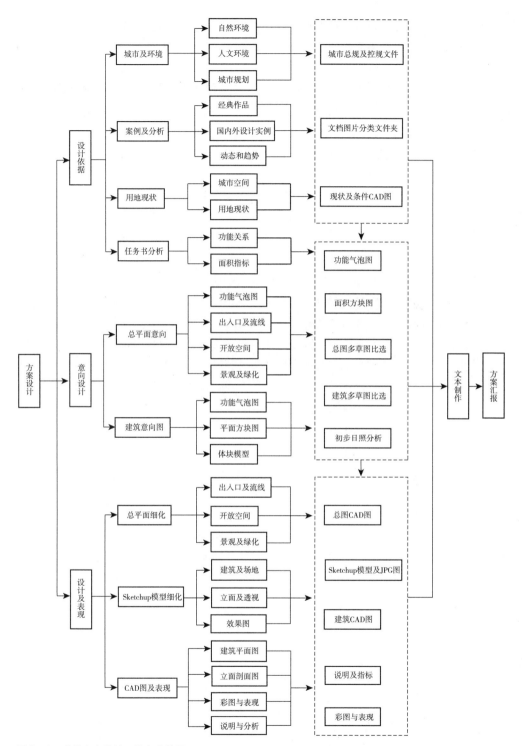

图 3-1 建筑方案设计工作内容简图

第 3 章 设计工作实例评析

使用 Sketchup 模型研究建筑形态时，针对每个方案，可以多尝试几种体块关系。对选出的优化模型，整理出简单的平、立、剖面图纸，就可以进一步讨论和修改了，最终的定稿是依据前期的分析成果进行评价的。

方案后期成果制作阶段，约占 30% 的时间。这个阶段一方面要细化方案的 Sketchup 模型，设计制作多角度的透视图效果图；另一方面深化平、立、剖面图，绘制准确的 CAD 图纸，做分析图和计算指标。全部图纸包括方案的说明分析、CAD 图、彩色图、效果图及多媒体制作。有的成果要求包括由专业公司制作的模型。最后以 A3 文本的形式出图。

（2）方案投标实习建议

方案设计阶段，首先需要重视经验的学习和模拟。方案投标与学校的设计课程貌似相同，容易上手，往往使实习生产生错觉。实际上，设计单位要顺应市场和满足各种使用要求，使自身能够持续经营，使业主能够合理盈利，因此这时的设计与学校课程已有很多的不同。以为设计单位的工作不过是在已有成果的基础上派生出类似的设计，甚至认为自己只是充任绘图员不是在做设计的想法都是狭隘的。

建筑设计的基本要求是客观真实，基本方法是工程学的实践和模拟。建筑学教育的基本要求是概念界定，基本方法既有法理学的抽象和推演，又有人文与社会科学的情感与想象。按照目前我国大多数建筑院校的课程设置，设计作业仅只停留在了设计意图的表现阶段。而设计工作的基本目标是使用，终极目标是创建社会物质和精神生活的载体。所以说，设计工作是以真实的标准来评判，设计课程是以真理的标准来评判，这两者的目的、标准和方法之间存在很大的差异。

实际上，现代建筑学所属的工程与技术科学，源于英国的工科专业教育，一开始就是应商人的需求创立的。工科的本源是重实践、重经验、重实用，以实际经验逼近真理，本身并没有高度抽象的推演方法，没有绝对的上位真理概念。而现在的建筑学教育，却更多倾向于后者。在实习阶段，首先需要在专业观念上，由学院派的知识分子传统转向经验派的工匠传统。

因此，尽管投标方案也需要打动人的构思，但只做这些是远远不够的。实习生需要转变设计观念，吸取经验，做实用型设计。此外，方案阶段的绘图不同于初步设计和施工图阶段，除按深度标准绘图外，应充分发挥自主性，准确表达设计意图。

3.1.2 方案投标实例评析

（1）方案设计依据及成果要求

方案设计的主要依据是项目任务书。项目任务书也是招标文件的主要内容，由业主或其委托的项目管理咨询单位根据立项内容拟定的设计要求，一般包括项目概况、规划设计要求、建筑设计要求、成果要求四个部分。设计成果分为设计说明（其中包含设计依据、投资估算）、设计图纸、透视图及多媒体汇报材料。本案例的设计图纸为总平面规划图、交通组织规划图、景观绿化规划图、整体鸟瞰图、局部透视图以及住宅单体设计方案图（含平面、立面、剖面、透视）。分析图根据情况来定，本案例出示了规划和用地环境分析图。设计工作包括案例分析、总体规划设计、建筑单体设计，住宅户型设计。

本案例任务书的主要内容如下。

■ 项目概况

本居住区选址在×市×区。所在的片区将规划建设为城市西部标志性地区。根据该片区建设发展规划，先期启动居住区建设工程。

用地位于城市西部近郊，属城乡结合部，各式建筑混杂，地势平坦，南高北低，市政基础设施尚未配套，现状除已有变电站外其他均不予保留。

本次招标为该居住区规划及建筑概念性方案设计，总用地情况详见规划设计条件图（图3-2）。①

■ 规划设计要求

① 建筑控制范围。规划建筑退让城市道路、各类绿化带、用地边界的距离应符合《×市城市规划管理办法》的相关规定。

② 规划控制指标。规划建设中高层、高层为主，容积率应符合《×市城市建设用地容积率规划管理暂行规定》，建筑密度控制在20%左右，绿地率不小于35%，住宅建筑停车率不少于80%。

③ 住宅建筑日照标准。应符合现行国家《城市居住区规划设计规范》（2002年版）标准、《×市日照分析规划管理暂行规定》中关于住宅日照标准的规定。

④ 公共服务设施配建。规划应统筹考虑功能布局与景观环境，合理规划布置公共服务设施。公共服务设施配建水平需满足现行国标《城市居住区规划设计规范》（2002年版）的有关规定，并需设置中水回用设施。规划应注重空间形象与景观环境的塑造，处理好沿城市绿化带以及主要道路的景观，并与所在片区的景观相协调，展现特色风貌。

⑤ 规划范围内的城市快速路。其线形及宽度不得调整，规划范围南侧边界路不得调整。其余道路可结合方案合理调整，并且需与范围外道路做好衔接。

此外，规划应考虑建筑节能、生态、环保，并提出相应措施。

■ 建筑设计要求

本居住区规划设计方案包含所有住宅建筑单体设计方案。户型有$60m^2$/套、$80m^2$/套、$120m^2$/套、$160m^2$/套四种标准。设计标准按照每种户型暂定比例（表略）。

■ 成果要求

① 规划设计成果。应分析现状条件、表达规划理念、说明规划内容（总平面布局、功能分区、交通组织、市政设施布局）、计算规划用地平衡表和主要技术经济指标。主要技术经济指标（基地面积、建筑占地面积、总建筑面积、建筑密度、建筑高度、容积率、绿化率等）列表标明。

---

① 所在片区控制性规划相关资料略。

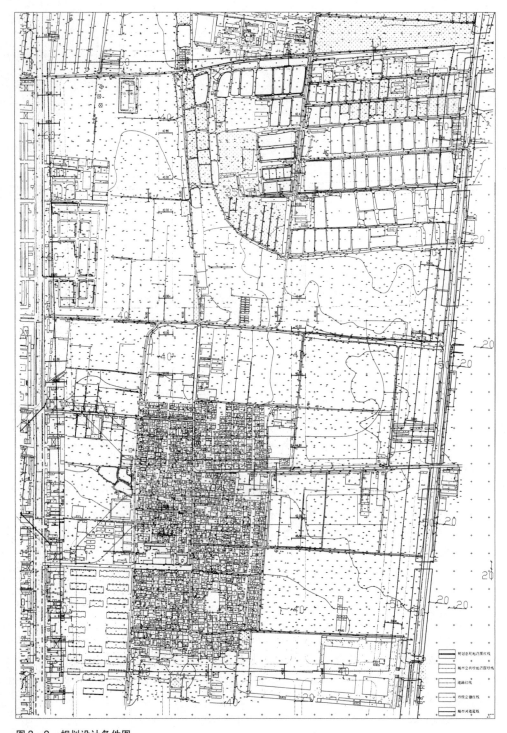

图3-2 规划设计条件图

② 建筑设计成果。应说明设计构思，包括功能、交通流线、空间、造型、内外建筑与装饰材料等方面，及主要相关的结构、消防、环保、节能系统说明。

③ 工程造价估算。应按2003年版建筑安装工程相关定额及当前造价信息，并结合国内外先进设备报价进行估算。

④ 图纸规格。规划图纸比例本案为1：1000。建筑图纸要求表明主要尺寸。

图纸均应制作成900mm高的统一尺寸轻质展板，以图文结合的方式展示规划设计的内容。图集应包括说明及图纸，均要求A3规格，提供20套。提供含全部设计文件的光盘2套（整套图纸采用jpg格式，另外规划总平面图和建筑单体设计方案须提供AutoCAD的dwg格式，说明文本采用doc格式）。

提供介绍方案的电子演示光盘2套，时间控制在30分钟以内。

（2）方案设计图纸

■ 案例分析

① 城市区位分析。根据城市总体规划和片区控制性详细规划，本案位于城市西北城乡结合部。西面是铁路和高速公路用地，北面是铁路联络线用地，南面临近城市副中心，东面是城市居住片区和主城区。地块的特殊区位决定了地块四个不同方向的发展定位（图3-3、图3-4）。

西向：完全是铁路、公路交通用地，同时有交通噪声的影响，并形成屏障作用。

北向：基本是铁路联络线的交通用地，有一定噪声影响，城市功能很有限，北临城市河道绿化景观带，有一定景观和休闲利用价值。

东向：面向主城区，临近其他居住片区，同时紧邻城市绿化带，有较好景观和休闲利用价值；同时有一定商业价值。

南向：面向城市副中心核心区，紧邻交通枢纽区和商务中心区，有较大商业价值。

② 路网结构分析。根据控规要求，用地被四条城市道路环绕，内部被三横两纵五条城市道路划分为12个地块，规划路网层次清晰，结构规整，密度、距离适中。建议尊重控制性规划的路网架构，以保证片区整体路网和市政管网的完整性和连续性。

由所在片区控制性详细规划相关资料和用地分析，首先确定方案构思。

城市级层面：将整个地块作为一个完整的居住社区与城市对接，体现社区的开放性。

居住片区级层面：将用地分成南北两区，北区9个地块，提供主要的住宅、配套公建设施及居住区公共绿地，南区3个地块，作为核心区到居住区的过渡，可以考虑通过提供更为优越的居住条件和多样的居住模式，提升居住区的品质。

小区级层面：尊重总规和控规，不改变路网结构，以地块周围及内部的九条城市道路自然分隔成的12个地块形成12个居住小区，小区对外与城市道路相连，内部相对封闭，组成各自完整的小区系统。

控规六线规划图

控规公共设施规划图

控规综合交通规划图

控规市政设施规划图

图 3-3　规划设计条件图上位规划分析图

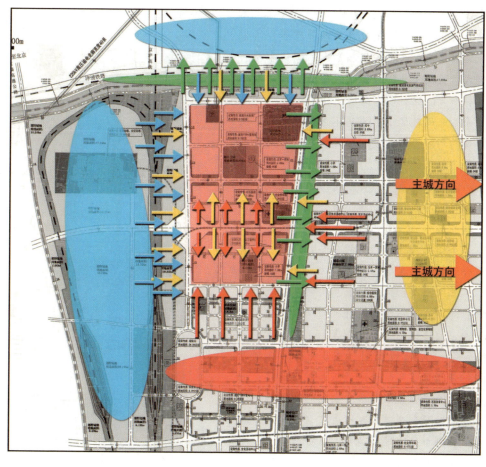

图3-4 用地环境分析图

三个层次的划分由大至小，从整个城市的高度充分考虑地块的特点，以城市交通作为划分规划结构的依据和先导，体现"大开放、小封闭"的现代规划理念。

■ 总体规划设计

① 公建系统规划。一级公建系统为城市级：按照开放性社区的思路，配置为城市服务的商业、酒店、办公等公共服务设施。中轴线交汇处作为区域商业中心，其他两处道路交叉口迎向东侧城区及西南向核心区（图3-5）。

规划这些设施的目的是形成人流集散最为重要的节点，加强地块与城市间的联系，拉动地块的价值，同时也为社区居民提供更完善的服务。

二级公建系统为居住区级：由于地块规模较大，因此在规划上要为地块考虑完整的

第3章 设计工作实例评析　59

自身配套服务设施，包括教育、医疗、体育、文化、商业、市政及行政管理等。结合地块特征及配套设施规模，采用带状布局的模式，将最重要的居住区级配套公建沿景观主轴布置，这样的布局避免了因公建过于集中而带来的较远小区使用不方便的问题，使公建的均好性得到最大限度的发挥，同时也强化了轴线的功能。

三级公建系统为日常生活服务设施：面积相对较小，功能灵活，为居民生活提供最直接的服务。采用散落式布局的方式，配置在各个组团入口或临街的底层裙房中，或者结合绿化布置在小区外围。

三级公建系统的配置层次明确，既能够呼应外部城市环境，同时也为居民提供了最全面、最便捷的服务（图3-6）。

② 道路系统规划（图3-7）。三横两纵：是指保留穿越用地的五条控规道路，并将其作为居住区级道路。它们对交通进行了合理的疏导和分流，并形成了自然的均质化地块，每个地块规模适中，可分可合，便于适应不同的开发模式。

两环：是指每个小区（组团）的内部道路。其出入口在城市道路上开口对应，北区八个组团组成一条环路，南区三个组团组成一条环路。内部道路开口对应，在功能上可以减小对城市道路交通的影响，加强小区间的联系。

停车：在小区级道路上再设组团级环路或尽端路，通至地面停车场或地下停车库。连通外部城市道路和内部停车场、库。

③ 住宅规划（图3-8）。根据任务书要求①，住宅规划以板式中高层住宅为主，点

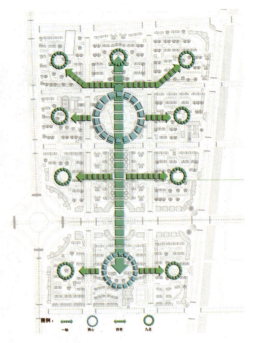

图3-5 社区结构规划图

图3-6 公建系统规划图

---

① 住宅单体设计和主要技术经济指标的内容也是投标方案的一部分。详见下节报规方案实例。此略。

式高层住宅为辅，中等面积户型为主，大户型、小户型为辅的总体布局。

户型分布与用地特征结合，将 $80m^2$ 主力户型均匀布置在各个组团中，并选择其中一些较好位置做复式或两代居模式，与景观轴上的点式高层住户共同组成 $160m^2$ 户型。

$120m^2$ 作为次主力户型考虑设在离各组团中心较近的位置，其余做 $60m^2$ 小户型。在南北两个分区上，按照分期开发及土地价值的分布，在南区相对增加 $120m^2$ 户型，同时布置较多的一梯两户 $80m^2$ 单元，提升社区品质和区域价值。

■ 建筑造型设计（图3-9）

① 造型现代，整体性强。造型简洁明快，强调体块的穿插，体现现代气息，整体色调为浅黄色和浅灰色，并辅以深色构件。结合阳台侧墙设置统一的立面构架，各个组团采用不同颜色加以区分，增强识别性并丰富整体效果。

② 整合其他立面构件。飘窗和空调机位结合，采用深色穿孔铝板，体现现代感。阳台部位结合太阳能集热器设计，节能生态。

③ 立面体现高层住宅特点。住宅顶部与下部立面处理略有不同，局部增加立面构件，并与山墙部位结合，上下对比，丰富顶部造型。24～30层住宅增加底部和顶部的立面变化，与其高度相适应，体现高层住宅的立面特点。

3.2 方案报规设计实例

3.2.1 方案报规工作要点

（1）方案报规简介

方案报规是指项目详细规划的编制和报

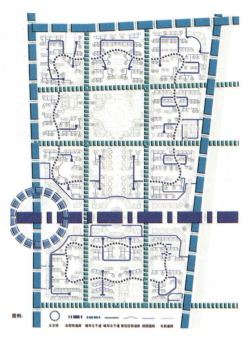

图3-7 路网结构规划图

图3-8 户型分布规划图

图3-9　住宅规划及概念单体设计模型

审批的过程。由建设单位申请，将项目设计条件、设计资质、程序文件以及详细规划方案等报城市建设行政主管部门审批①，审批合格后领取建设用地规划许可证。

（2）方案报规工作流程

方案报规期间，建筑设计单位受建设单位委托，参照各城市规划部门的规定，编制方案报规文本。设计依据为规划设计要求通知书、任务书、业主的修改要求，规划条件的变更、相关管理部门的审查意见等。在审批过程中设计单位需及时答复审查意见，修改落实后重出成果再行上报（图3-10）。

（3）方案报规实习建议

方案报规是建筑专业与外部各方交流十分集中的阶段，与学校的设计课程有很大区别。报规方案不仅要具有技术上的可实施性，还要满足主管部门和业主的各种限制条件。相比方案投标阶段，报规过程中的汇报交流、图纸修改是一个反复的过程，内容十分具体，技术性也很强。这与强调自主性的方案投标阶段有很大的不同。作为用于报规的总图应严格按制图规范绘图，同时也要符合红线、设计规范等限制条件，而用于报规的单体建筑设计不必太详细，住宅单体有户型选型和立面效果即可。

实习生介入这一阶段的工作需要一定的耐心和主动性。报规方案的调整不仅需要绘图能力，更重要的是实践经验和沟通能力。多向经验丰富的设计人员请教，学习在交流的过程中吸纳意见并坚持原则，学会与业主、专家和主管部门进行有效沟通。不能因为设计调整，对外部要求产生抵触心理，而应积极参加方案讨论，听取业主对规划方案设计的具体要求和评审专家的意见，明确规划主管部门和消防、园林等有关部门的审批要

---

①　涉及消防、环保、卫生防疫、文物保护、地质灾害、日照分析、军事设施、机场净空等特殊要求的内容，须补充相关主管部门对项目安排的具体要求和限制条件的意见。

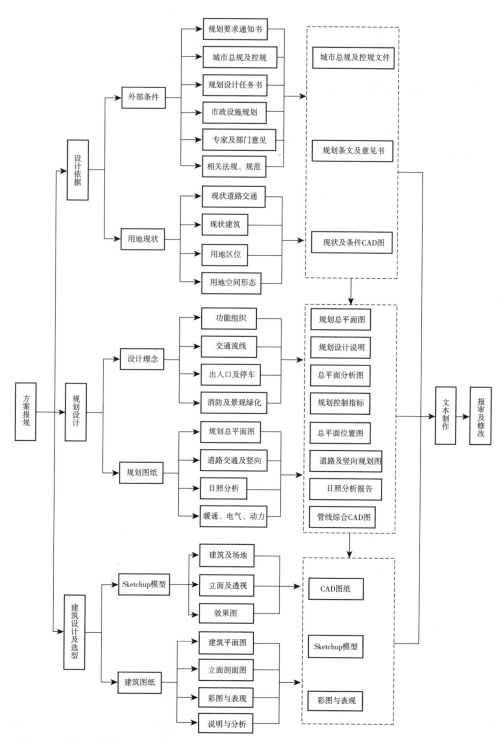

图3-10 建筑方案报规工作流程图

求。重要的是学习如何协调这些意见，再如何将其合理化，使概念性的方案逐步具有实施的可能性。

3.2.2 方案报规实例评析

本节以上面案例项目的一期建设的 1 号地块为例具体展示方案报规阶段的工作内容，主要包括设计依据、规划设计说明、规划设计图、日照分析报告、单体建筑设计图等。

（1）方案报规依据及成果要求

本案例报规方案一方面应体现符合《城市居住区规划设计规范》等现行有关法律、法规和其他规范性文件和标准的规定，另一方面，还应符合现场条件、业主要求，以及专业技术的合理性。

设计成果包括设计说明书、现状图、规划总平面图、道路及竖向规划图、日照分析报告和建筑设计图、透视图等，并根据需要增加模型或动画。

以下是本案的报规依据：

■ 文件和规范

"×居住区规划及建筑概念性方案设计"招标文件；

《城市居住区规划设计规范》（2002 年版）；

《住宅设计规范》；

《建筑设计防火规范》；

《高层民用建筑设计防火规范》；

《×市城市规划管理办法》；

《×市日照分析规划管理暂行规定》；

《×市西客站片区控制性规划方案》；

其他国家相关规划规范。

■ 场地条件

1 号地块总规划面积约 9.2hm^2。用地较为规整，东西宽约 290m，南北长约 328m；用地东北角保留有现状变电站。

■ 业主调整要求

① 组团间道路。建议以片区的中心地块为核心，向各组团辐射。在组团间的城市道路做地下人行通道，并可兼做人防与商业，以保证穿行安全，特别是中小学生的穿越安全；人车分流，有效缓解组团间城市道路的交通压力，确保人车交通流畅；设人防与地下通道，兼顾国家人防工程的需要。

② 幼儿园。将现设计的幼儿园从商业兼容性方面给予考虑。原因是幼儿园的设置量是由规划指标确定的，但根据×市 2006 年人口普查数据分析，按现居住区人口比例计算符合入园年龄的儿童大概一区约 850 人。按其中可能入园的约 50% 计，显然按规划指标设置存有投资风险。为避免今后闲置，其中幼儿园的设置应考虑今后发展的兼容性。

③ 住宅太阳能。现设计方案中高层的下半部分是共用的太阳能伞，上半部分是每户分别安装的太阳能采集管，建议全部安装为分户的太阳能采集管。因为现方案存在产权不明晰的问题，共用的太阳能伞对于日后的使用和维修权属难以界定，使业主误认为是免费使用、免费维修，造成隐患。

④ 地下车库。根据本市《人民防空工程建设管理办法》规定，建议地下车库总面积的10%做成符合人防要求的地下车库，90%做成半地下车库。可通过窗户满足车库的通风要求，减少通风设备的投资和电能的损耗。白天的照明可以通过自然光要求，节省电能，降低成本。考虑高层有两层的地下室，半地下车库可建于两楼宇之间，或依地势建设。

⑤ 社区服务中心。建议根据《物权法》的规定，物业管理用房、业主委员会用房，其产权属全体业主，需要单独列出面积。

(2) 规划设计说明

规划设计说明主要涉及四部分内容，即规划条件、现状分析、规划设计和相关专业设计。文字部分要求说明项目背景、基地及其周边的现状情况，明确总体构思和规划布局。

■ 说明提纲（表3-1）

规划说明提纲　　　　　　　　　表3-1

现状概况	现状概况	现状概况与分析
		现状概况
	用地分析	用地区位分析
		用地道路分析
		用地交通分析
		用地景观环境分析
规划设计	规划依据	规划依据
		规划整合情况概述
		规划区发展条件分析
	规划目标	规划目标与原则
		规划区发展建设目标
	规划设计	功能组织
		交通消防设计
		绿化景观设计
		竖向设计
建筑结构说明	建筑设计说明	住宅单体设计
		配套公建设计
		地下车库设计
		人防设计
		卫生防疫设计
	结构设计说明	依据及荷载标准值
		结构体系
		结构计算

		给水系统设计
其他专业说明	给排水设计说明	中水给水系统
		排水系统
		消防设计
		天然气设计
	暖通空调设计说明	供暖设计
		空调冷热源设计
		空调系统设计
		通风设计
		防烟排烟系统设计
	电气设计说明	用电负荷及电度计量
		供配电系统
	管线综合部分说明	直埋管线铺设要求
		规划管线横向布局原则
专项说明	消防设计专篇	各专业消防设计专项汇总
	节能设计专篇	各专业节能设计专项汇总

- 说明主要内容

① 功能布局。根据整体规划，建筑功能有以下几种：住宅、商业网点、社区服务站、幼儿园、地下车库等，另外还有5号地块的小学；规划时根据各单体功能特点和要求，合理组织组团规划的功能分区和组合（图3-11）。

功能组织时遵循以下原则：

（a）各地块规划遵循安置一区的规划整体考虑；

（b）住宅沿周边道路和小区主要道路布置，中心布置小区绿地；

（c）商业网点结合小区入口考虑，营造入口氛围；

（d）社区服务站和幼儿园结合入口和中心绿地布置；

（e）地下车库停车率按相关要求设计，车库出入口设在靠近入口处，车库与住宅储藏室连通，方便住户使用；

（f）其他配套公建结合安置一区整体规划确定用地位置和范围，并与所在地块其他建筑相呼应。

② 交通、消防设计。交通流线组织：原则为"人车分流、通而不畅"；设置主要的组团道路组织整个地块的车行交通；同时设置独立完善的步行体系，合理组织人流、车流（图3-12）。

车行入口：位于组团道路的两端，结合组团道路组织地下车库出入口和宅间道路，形成内部车行系统，地面停车率按6%~8%考虑。

步行入口：结合商业网点和社区服务站共同围合入口广场，步行体系与组团中心绿地紧密结合，蜿蜒入户，景色宜人。

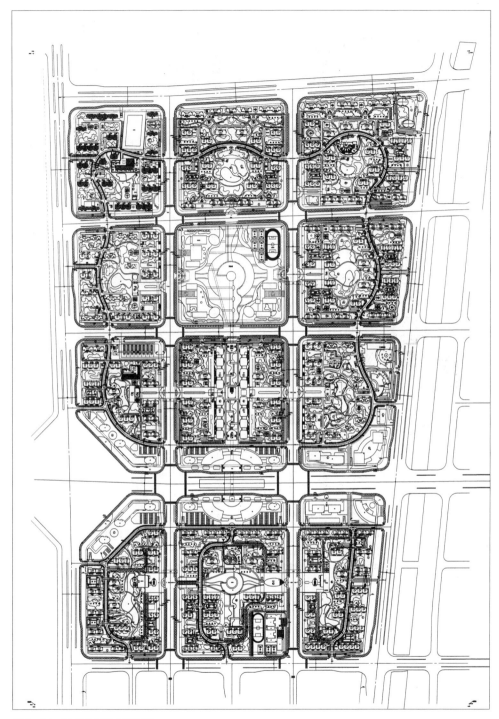

图3-11 居住区规划总平面图

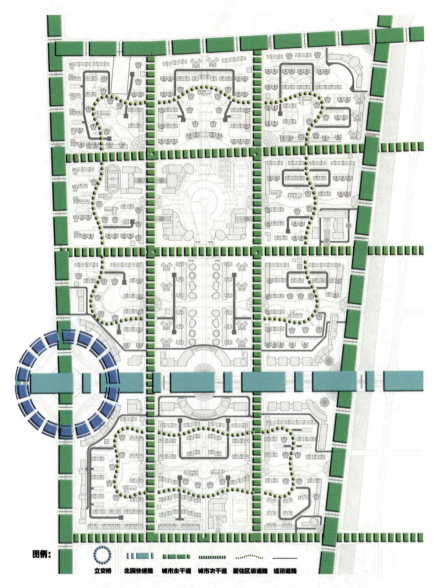

车行系统

机动车由五横四纵九条城市道路进入整个社区，九条城市道路与城市路网自然衔接，为机动车提供多样选择，并且大大缓解了局部地段可能的交通压力。两环构成的小区级道路外接城市道路，内部贯穿整个小区，在小区级道路上再设组团级环路或尽端路，通至地面停车场或地下车库。公建用地上均围绕建筑设置环路，连通外部城市道路和内部停车场、库。

图3-12　车行交通组织分析图

消防设计：与车行体系结合，形成完整的消防环路，局部尽端路设置回车场。沿住宅长边方向设置消防道路和消防登高面，配套公建组织消防环路，满足消防扑救要求。

③ 绿化景观设计。景观设计以安置一区整体规划为依托，突出区位特色，借可借之景，用可用之水，力图创造一个"水绿交融"的特色生态社区（图3-13、图3-14）。

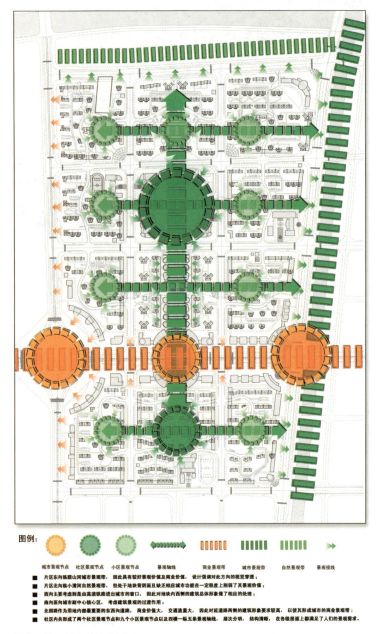

图3-13 景观结构分析图

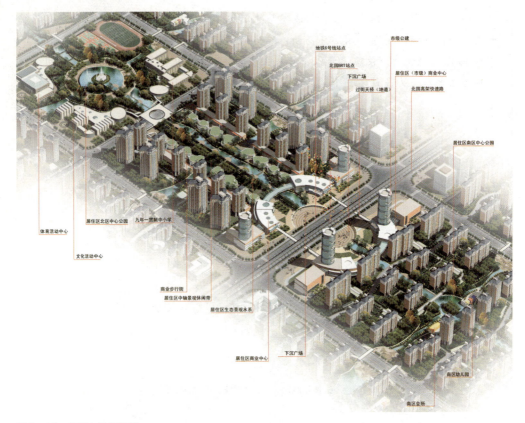

图 3-14 空间中轴鸟瞰图

以小区中心绿地，将步行绿带辐射整个用地，构成形式多样、整体有机的绿化结构和丰富的空间效果。在开发强度较高的背景下，最大限度地争取集中的、开敞的绿地，并与各住宅楼前空间相互流动结合。注重绿地的整体构图和空间效果，建筑空间尺度和家园氛围处理，使不同的建筑和建筑组群在环境中形成整体的空间效果。步行小径和活动广场结合绿化设计，构筑绿色生态的生活空间。

景观设计与绿化设计同步进行，设置重要的组团节点和分散的宅前节点，使人们在活动的同时欣赏到精致的景观。中心绿地结合局部水体设计，设置人工水景和叠水、叠泉，优化组团环境，在水体内配置适宜的动植物和微生物，以达到水体的自然净化，节约后期维护成本。

④ 竖向设计。竖向设计结合周边城市道路和安置一区的竖向布置进行设计，总的原则是解决好建筑和场地的排水，同时尽量减小土方量。详细布置见总平面竖向设计图。

■ 规划设计指标

在文字说明后面需附表，包括规划用地平衡表、主要技术经济指标表、公共服务设施配建表，以及建筑面积明细表等（表 3-2～表 3-5）。

1号地块规划用地平衡表

表3-2

项目		面积（hm²）	所占比例（%）	人均面积（m²/人）
居住用地		7.87	100%	13.39
	①住宅用地	5.01	63.66%	8.55
	②公建用地	1.18	14.99%	2.01
	③道路用地	1.01	12.83%	1.72
	④公共绿地	0.67	8.51%	1.14
总人数	5862			

1号地块主要技术经济指标表

表3-3

项目	单位	数量	所占比重（%）	人均面积（m²/人）
居住用地面积	万 m²	7.87	—	13.43
居住户数/人口数	户/人	1832/5862	—	—
总建筑面积	万 m²	25.73	—	43.89
1. 地上建筑面积	万 m²	20.16	100%	34.39
①住宅建筑面积	万 m²	19.02	94.35%	32.45
②配套公建面积	万 m²	1.14	5.65%	1.94
2. 地下建筑面积	万 m²	5.57	—	—
地下停车建筑面积	万 m²	3.55	—	—
地下储藏建筑面积	万 m²	1.94	—	—
其他地下建筑面积	万 m²	0.08	—	—
住宅平均层数	层	19.29	—	—
人口毛密度	人/hm²	744.00	—	—
住宅建筑套密度（净）	套/hm²	365.00	—	—
住宅建筑面积净密度	万 m²/hm²	3.79	—	—
地上容积率	万 m²/hm²	2.56	—	—
地下容积率	万 m²/hm²	0.71	—	—
建筑密度	%	19.50%	—	—
绿地率	%	36.00%	—	—
居住停车率	%	60.48%	—	—
居住停车位	辆	1108	—	—
居住地面停车位	辆	114	地面停车率	10.29%

1号地块公共服务设施配建表　　表3-4

类别	编号	项目	数量（处）	地上建筑面积（m²）	地下建筑面积（m²）	用地面积（万m²）	备注
教育	3	12班幼儿园	1	3238.03	0.00	0.37	
医疗卫生	5	卫生站	1	300.00	0.00	0.03	结合社区服务站
文化体育	7	居民健身设施	8	0.00	0.00	0.20	
商业服务	9	底商	2	6236.53	0.00	0.14	
金融邮电	11	储蓄所	1	145.60	0.00	0.003	结合底商
	13	邮电所	1	158.20	0.00	0.003	结合底商
社区服务	15	社区服务站	1	488.00	0.00	0.02	
	25	居委会	1	150.00	0.00	0.02	结合社区服务站
	26	物业管理	1	500.00	0.00	0.05	结合社区服务站
市政公用	16	换热站	1	0.00	240.00	0.00	结合地下车库
	17	变配电室	1	0.00	230.00	0.00	结合地下车库
	18	加压泵房	1	0.00	250.00	0.00	结合地下车库
	19	公厕	1	80.00	0.00	0.01	
	20	电信机房	1	0.00	50.00	0.00	结合地下车库
	25	垃圾转运站	1	130.00	0.00	0.02	
行政管理及其他	22	居民存车处	4	0.00	0.00	0.16	
	23	居民停车场	4	0.00	0.00	0.15	
	24	居民停车库	2	0.00	35479.89	0.00	
合计	—	—	30	11426.36	36249.89	1.18	

1号地块建筑面积明细表　　　　　　表3-5

楼号/楼名	层数（层）	总建筑面积（m²）	地上建筑面积（m²）	地下建筑面积（m²）	分层建筑面积（m²）
1-1号住宅楼	地上30；地下2层	19464.94	18034.78	1430.16	地下2层786.14；地下1层644.02；1层652.09；2~26层639.05；27层~30层319.15；机房层129.84
1-2、14号住宅楼	地上18；地下2层	12666.24	11218.52	1447.72	地下1、2层723.86；1层125.81；2层125.81；3层107.41；标准层716.61；机房层110.34
1-3、4、5、15号住宅楼	地上18；地下2层	9684.50	8716.66	967.84	地下1、2层483.92；1层491.07；2层491.07；标准层478.81；机房层73.56
1-6、8号住宅楼	地上18；地下2层	6425.00	5794.64	630.36	地下1、2层315.18；1层325.33；2层325.33；标准层319.20；机房层36.78
1-7号住宅楼	地上18；地下2层	19373.40	17438.72	1934.68	地下1、2层967.34；1层982.44；2层982.44；标准层957.92；机房层147.12
1-9、10号住宅楼	地上21；地下2层	7417.19	6773.47	643.72	地下1、2层321.86；1层325.55；标准层319.15；机房层64.92
1-11号住宅楼	地上30；地下2层	10369.80	9639.42	730.38	地下2层408.52；地下1层321.86；1层319.15；标准层319.15；机房层64.92
1-12、13号住宅楼	地上18；地下2层	14493.82	13046.10	1447.72	地下1、2层723.86；1层735.00；2层735.00；标准层716.61；机房层110.34
1-16号住宅楼	地上28；地下2层	9716.78	9007.52	709.26	地下2层387.40；地下1层321.86；1层325.55；标准层319.15；机房层64.92
1-17号住宅楼	地上30；地下2层	30397.45	27992.45	2405.00	地下2层1289.37；地下1层1115.63；1层1112.91；2~18层1118.62；19层~30层638.30；机房层203.40

续表

楼号/楼名	层数（层）	总建筑面积（m²）	地上建筑面积（m²）	地下建筑面积（m²）	分层建筑面积（m²）
1-2、14号商业网点	地上2层	4360.93	4360.93		1层2221.45；2层2139.48
1-12、13号商业网点	地上2层	1780.40	1780.40		1层890.20；2层890.20
社区服务站	地上2层	1437.00	1437.00		1层684.00；2层713.00；屋顶构架40.00
幼儿园	地上3层	3238.03	3238.03		1层1216.69；2层983.70；3层983.70；屋顶楼梯间53.94
地下车库（含设备用房）	地下1层	36249.89		36249.89	

（3）规划设计图

规划设计图包括规划现状地形图、规划总平面图、平面定位图、道路交通及竖向规划图、管线综合图、分地块指标控制图。常用绘图比例为1∶500或1∶1000。

1）规划现状地形图是将规划部门提供的建设用地坐标图和测绘部门测绘的地形图进行整理、合并而成的设计条件图，并标明用地红线、道路红线、建筑红线；用地范围各转折点的坐标；规划道路宽度、中心线及其交叉口的坐标、标高，以及现状建筑、地形地貌等。如图3-15。

2）规划总平面图是最重要的报规图纸，一般需将方案总图落在现状地形图上，以标明在现状地形上各类建筑，包括停车设施等的平面形式和布置方式等。规划总平面图上需要附规划用地平衡表、主要技术经济指标表、简要注释和图例。如图3-16。

3）总平面定位图是在规划总平面图的基础上，标明坐标方格网及主要坐标，包括规划用地范围各转折点坐标，规划建筑退让各类控制线距离、建筑位置坐标、高度、一层室内地坪高程，规划道路宽度、转弯半径、中线交叉点、平曲线拐点坐标，并附简要注释说明及图例。如图3-17。

4）道路交通及竖向规划图是在规划总平面图的基础上，标明规划地块的人、车流主要出入口，各类交通设施的用地范围及平面形式，标明道路宽度、中线交叉点和主要变坡点、平曲线拐点的坐标和高程，标明主要道路和场地的坡度、坡向、坡长。标明地块主要控制点高程，台阶、挡土墙的位置和控制高程，以及简要说明和图例。如图3-18。

5）管线综合图是指由相关专业在总平面规划图的基础上，配合市政设计分别绘制的地块给水消防图、污水图、雨水图、中水和热力管线等平面布置图的合并图，主要为了协调各路管线之间的水平和竖向距离，以及与建筑物、构筑物之间的合理距离。总平面规划图也需依据管线布置的要求进行合理调整。如图3-19。

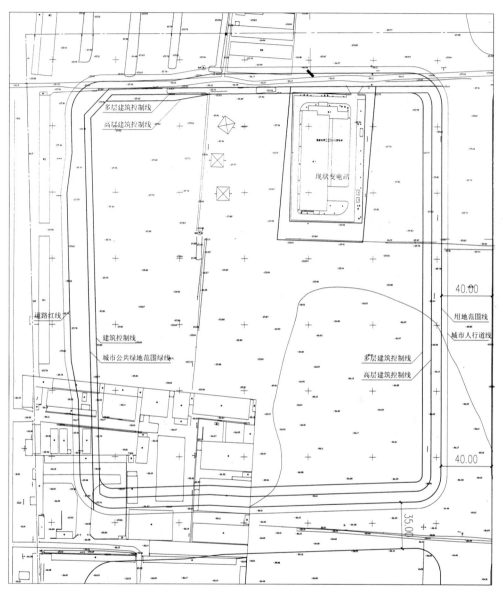

图3-15 1号地块规划现状条件图

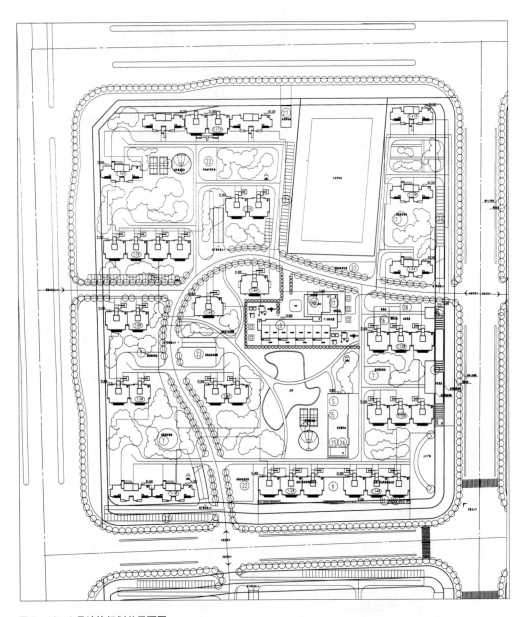

图3-16 1号地块规划总平面图

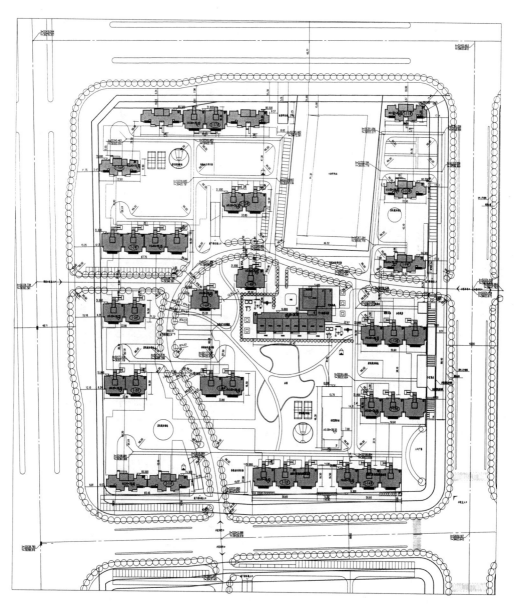

图3-17 1号地块总平面定位图

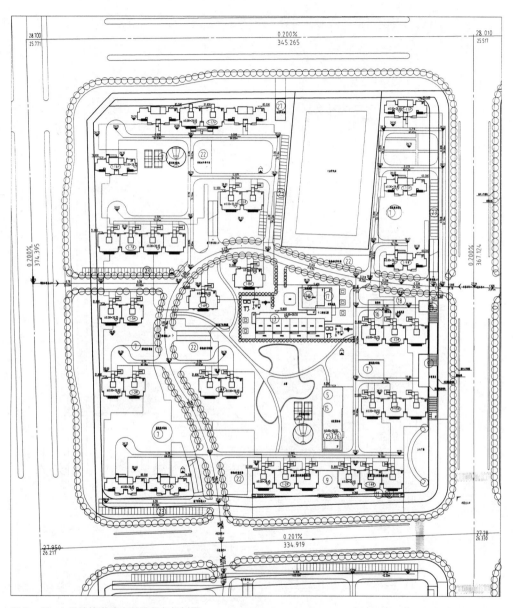

图3-18 1号地块道路交通及竖向规划图

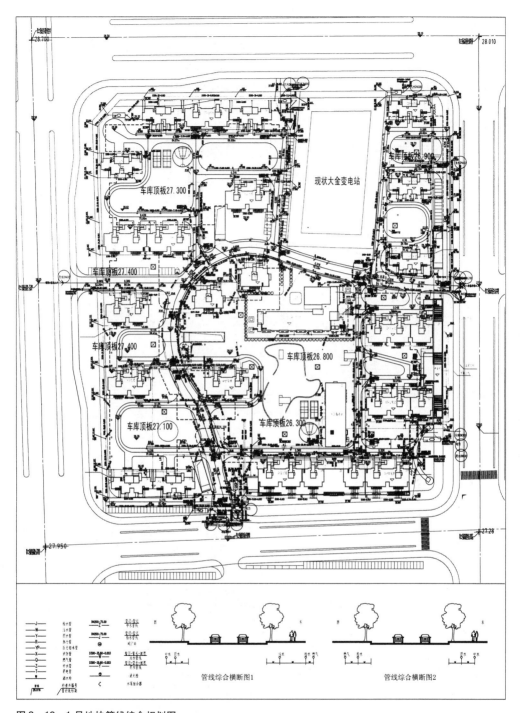

图3-19 1号地块管线综合规划图

(4) 日照分析报告

居住区详规应按照所在城市的日照分析规划管理规定和日照分析技术规程的要求，编制日照分析报告。间距计算必须为外墙尺寸，需考虑地形高差、挑檐宽度等。日照分析报告应与所报单体方案对应。报告内容包括分析图和报告表。本案例的日照分析报告如图3-20、图3-21、表3-6、表3-7所示。

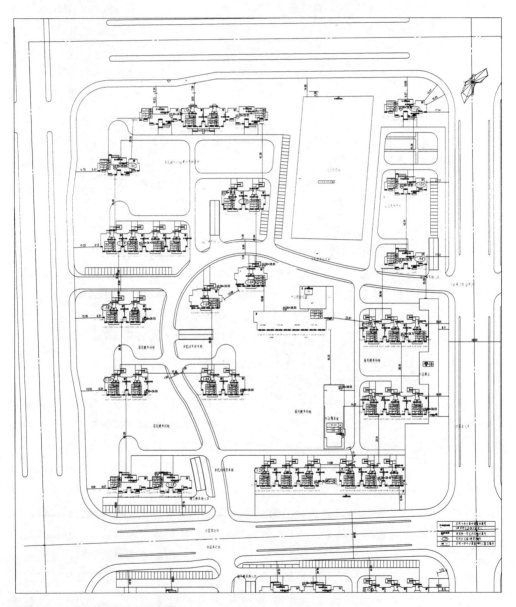

图3-20　1号地块日照分析示意图

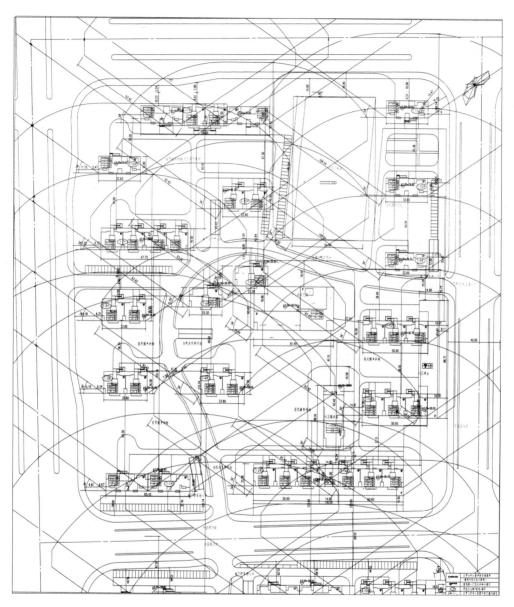

图3-21 1号地块日照遮挡范围示意图

1号地块日照分析报告表　　　　　　　表3-6

所属城市	×		经度	117°00′	纬度	36°41′	建筑气候区划	Ⅱ类
分析基准日	2009年1月20日		节气	■ 大寒　□ 冬至　□ 其他				
控制标准	有效日照时间带	8:00-16:00		日照时间（分钟）	120	分析采样间隔（分钟）		5
	分析高度（m）	±0.00 +0.9		计算方法		□ 连续　■ 累计		
分析方法				窗户分析				
分析成果用途		单体报审			附图：见说明及附件			

1. 日照分析成果详见1地块住宅窗户日照分析图和窗户日照分析表，其分析条件图由业主提供。

2. 受业主委托大寒日日照分析内容为分析1号地块住宅楼的窗户日照情况。经窗户分析计算后，大寒日住宅①-1号楼的C1210 二层，C1211 八层，C1194、C1201及C1204 九层，C1197、C1198、C1207及C1208全部窗户；

①-2号楼的C1215、C1217及C1221 一层，C1216 二层，C1213 五层，C1218、C1219、C1224及C1225全部窗户；

①-3号楼的C1156及C1157全部窗户；

①-4号楼的C1174 七层，C1163 十三层，C1168及C1169全部窗户；

①-5号楼的C1114及C1115全部窗户；

①-7号楼的C1098 十一层，C1080、C1081、C1086、C1087、C1092及C1093全部窗户；

①-9号楼的C1107 八层，C1100 九层，C1103及C1104全部窗户；

①-10号楼的C1066及C1073 十一层，C1069及C1070全部窗户；①-11号楼的C1034及C1041 十层，C1037及C1038全部窗户；

①-12号楼的C1146 一层，C1147及C1148 二层，C1149及C1150 三层，C1138、C1139、C1144及C1145全部窗户；

①-13号楼的C1192 三层，C1175 十层，C1180、C1181、C1186及C1187全部窗户；

①-14号楼的C1231 四层，C1236、C1237、C1242及C1243全部窗户；

①-15号楼的C1053 四层，C1058及C1059全部窗户；①-16号楼的C1044、C1050及C1051 八层，C1047及C1048全部窗户；

①-17号楼的C1011 一层，C1024及C1031 六层，C1005、C1006、C1016、C1017、C1027及C1028全部窗户；日照时间不满足两小时。

其余窗户皆满足大寒日累计两小时日照的规范要求。

即①-2号楼1户住宅和①-12号楼3户住宅不满足日照要求。①-2号楼1户住宅不计入住宅户数，①-12号楼3户住宅功能更改为商业配套用房。

1号地块12号住宅窗户日照分析表

表3-7

（累计、太阳时、左右端）（单位：小时）

编号	窗台高	左端日照时间	右端日照时间	满窗日照时间
C1133-1	29.650	3:55 (12:05-16:00)	3:50 (12:10-16:00)	3:50 (12:10-16:00)
C1133-2	32.450	3:55 (12:05-16:00)	3:50 (12:10-16:00)	3:50 (12:10-16:00)
C1134-1	29.650	4:25 (08:00-08:35 12:10-16:00)	4:20 (08:00-08:40 12:20-16:00)	4:15 (08:00-08:35 12:20-16:00)
C1134-2	32.450	4:25 (08:00-08:35 12:10-16:00)	4:20 (08:00-08:40 12:20-16:00)	4:15 (08:00-08:35 12:20-16:00)
C1135-1	29.650	4:10 (08:05-08:45 12:30-16:00)	4:05 (08:10-08:55 12:40-16:00)	3:55 (08:10-08:45 12:40-16:00)
C1135-2	32.450	4:15 (08:00-08:45 12:30-16:00)	4:15 (08:00-08:55 12:40-16:00)	4:05 (08:00-08:45 12:40-16:00)
C1136-1	29.650	4:00 (08:10-09:00 12:50-16:00)	3:55 (08:15-09:10 13:00-16:00)	3:45 (08:15-09:00 13:00-16:00)
C1136-2	32.450	4:10 (08:00-09:00 12:50-16:00)	4:10 (08:00-09:10 13:00-16:00)	4:00 (08:00-09:00 13:00-16:00)
C1137-1	29.650	3:45 (08:20-09:15 13:10-16:00)	3:40 (08:25-09:25 13:20-16:00)	3:30 (08:25-09:15 13:20-16:00)
C1137-2	32.450	4:05 (08:00-09:15 13:10-16:00)	4:05 (08:00-09:25 13:20-16:00)	3:55 (08:00-09:15 13:20-16:00)
C1138-1	29.650	0	0	0
C1138-2	32.450	0	0	0
C1138-3	35.250	0	0	0
C1138-4	38.050	0	0	0
C1138-5	40.850	0	0	0
C1138-6	43.650	0	0	0
C1138-7	46.450	0	0	0
C1138-8	49.250	0	0	0
C1138-9	52.050	0:35 (11:30-12:05)	0:50 (11:35-12:25)	0:30 (11:35-12:05)
C1138-10	54.850	1:25 (10:25-11:10 11:25-12:05)	1:55 (10:45-11:15 11:30-12:55)	1:00 (10:45-11:10 11:30-12:05)
C1138-11	57.650	2:10 (09:45-09:55 10:05-12:05)	2:25 (10:45-13:10)	1:20 (10:45-12:05)
C1138-12	60.450	2:20 (09:45-12:05)	2:25 (10:45-13:10)	1:20 (10:45-12:05)
C1138-13	63.250	2:20 (09:45-12:05)	2:25 (10:45-13:10)	1:20 (10:45-12:05)
C1138-14	66.050	2:20 (09:45-12:05)	2:25 (10:45-13:10)	1:20 (10:45-12:05)
C1138-15	68.850	2:20 (09:45-12:05)	2:25 (10:45-13:10)	1:20 (10:45-12:05)
C1138-16	71.650	2:20 (09:45-12:05)	2:25 (10:45-13:10)	1:20 (10:45-12:05)
C1138-17	74.450	2:20 (09:45-12:05)	2:25 (10:45-13:10)	1:20 (10:45-12:05)
C1138-18	77.250	2:20 (09:45-12:05)	2:25 (10:45-13:10)	1:20 (10:45-12:05)

(5) 单体建筑报规图

本案①1号地块的建筑单体有以下几种：住宅、商业网点、社区服务站、幼儿园、地下车库等；规划时应根据各单体功能特点和要求进行合理设计。单体建筑报规图内容包括单体设计说明、总平面图、各单体建筑设计方案图。

其中，设计说明主要包括：设计依据，设计要求，建筑设计构思，其他专业说明，并附主要技术经济指标，含单体建筑面积、户型配比、公共服务设施配建表和建筑面积明细表等。

如前所述，报规阶段的单体建筑方案可不必太详细，本案中建筑设计方案图可为住宅及公建的建筑平面图、住宅户型选型等主要图纸，深度以至少标注房间名称、轴线和外墙两道尺寸线为准，建筑立面图可为主要方向的立面图，剖面可以一个为主，但效果图应与平、立、剖面图真实对应，并反映周边城市环境。

本例仅以1号地块的住宅单体报规图为示例（图3-22～图3-27）。

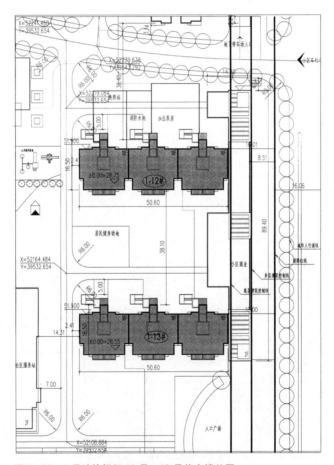

图3-22　1号地块报规12号、13号住宅楼总图

---

① 商业网点、社区服务站、幼儿园、地下车库等配套公建的建筑单体报规略。

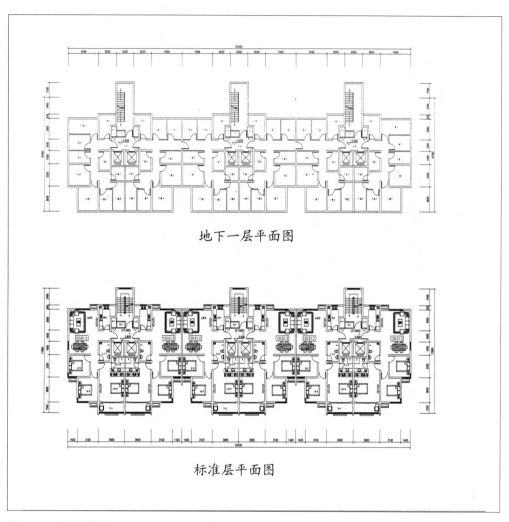

图3-23 1号地块报规12号、13号住宅楼户型平面图

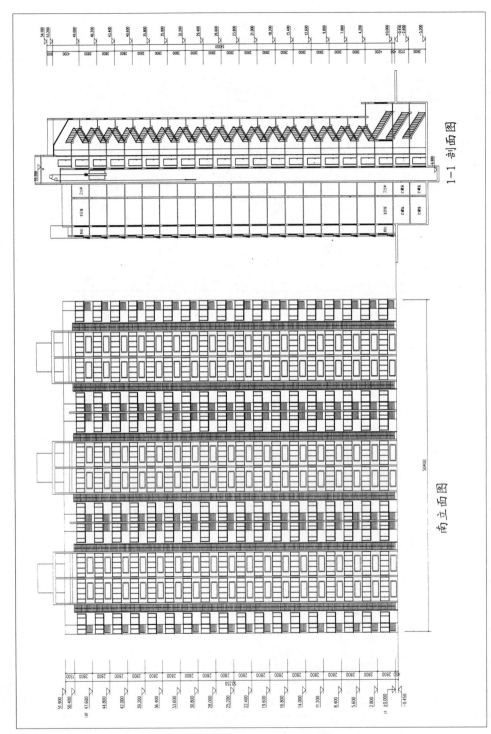

图3-24 1号地块报规12号、13号住宅楼立剖面图

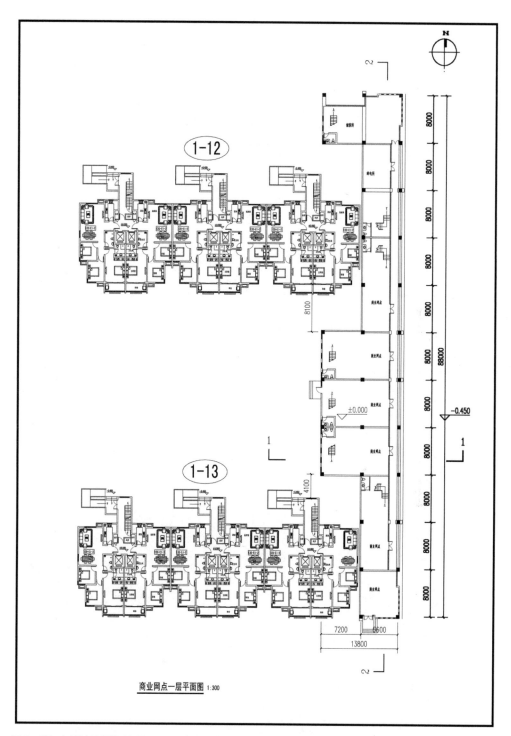

图3-25 1号地块报规12号、13号住宅楼商业网点，一层平面图

第3章 设计工作实例评析

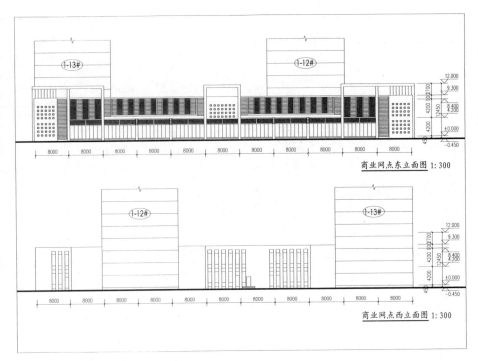

图3-26　1号地块报规12号、13号住宅楼商业网点立面图

图3-27　1号地块报规12号、13号住宅鸟瞰效果图

3.3 建筑初步设计实例

3.3.1 初步设计工作要点

初步设计是方案报规后的二次设计,其设计深度比方案设计更详尽。通常初步设计文件主要用作报建、审批、概算和施工招标。其中,报建是指建筑单体方案在报规审批通过,建设单位取得建设用地规划许可证后,将先期单体方案进一步制作规定文本,报地方规划局规划综合处审批,通过后即可获得建设工程规划许可证的审批程序。为缩短设计和建设周期,一般小区中的住宅单体都以初步设计图纸作为报建图纸。本案例亦是如此。

(1) 初步设计工作流程

初步设计先要将规划部门审定和业主认可的建筑方案图纸,交由本专业讨论,确定深化意见,同时交由结构、电气、水暖、空调专业,提出设计条件。这些条件和建筑本专业的深化意见一起,由项目总负责人报给业主,经确认后由建筑专业在图纸进一步落实反馈,并提给各个相关专业,完成一轮调整。① 如此反复进行,直至解决主要技术问题,建筑图纸基本确定为止(图3-28)。

(2) 初步设计实习建议

初步设计主要就是针对房间的具体尺寸和细节、相关专业的技术问题等不断深化、反复修改建筑设计的绘图过程。这一阶段建筑专业的工作涉及本专业、相关专业、业主调整意见三个方面,图纸深化也是进一步修改、研究、优化的过程,更需要实习生磨炼耐心和定力,避免急于求成。设计绘图时注意以下方面:

■ 制图规范化

① 统一标准。需要明确,初步设计图纸不同于方案图纸,需要统一制图标准,包括图层、线型、线宽、统一字体、尺寸标注和图例等,实习时必须熟悉制图标准,② 提高绘图质量和速度。

② 同步绘制。建筑的平、立、剖面图应该对照起来同步画,保持深度一致,避免遗漏。

③ 细致精确。充分利用计算机绘图的精确特点,按照准确尺寸绘制每一个图元,便于量取和计算。

■ 绘图原则

① 先整体、后局部。从整体着手,由总图,到平面、剖面、立面,避免大的差错。

---

① 工程造价专业接收到各专业的条件后,要进行概算。概算的作用很多,比如控制投资等,另有一点就是可能会作为施工招标的标底依据之一,因为工程预算要另花一笔钱的,不是每个项目都会做。

② 《房屋建筑制图统一标准》、《总图制图标准》、《建筑制图标准》和设计单位的内部标准。

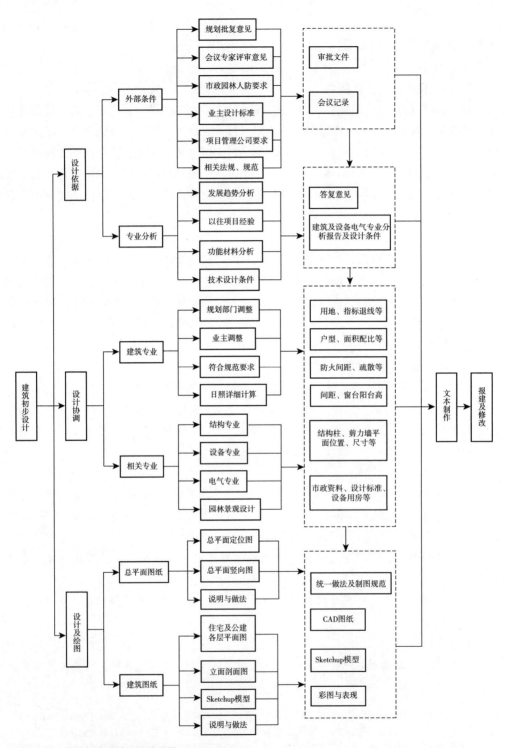

图3-28 建筑初步设计工作流程图

② 先定位、后细化。先画基本定位线，确定主要尺寸后，再添加内容。如画平面图时，轴线是最基本的定位线。画立面图时，外墙轮廓线、层高线是定位线。定位线画好后，再表现细节，如平面图中的门窗洞口、楼梯、台阶等，立面图中的门窗洞口、檐口、阳台等，以提高精度和效率。

③ 先画图、后标注。建议在模型空间画线，在图纸空间套图框。用隐藏、显示图层的方式来控制。在图纸空间标材质、文字，标尺寸，这样，所有的字大小都一样。由于以图纸空间方式制图，对图层要求很高，所以一定要为图层准确命名。

■ 工作方法

① 文件夹分类。初步设计工作量大，文件更替频繁，文件夹分类会提高效率。文件夹通常以项目名称命名，如"2008×居住区设计"文件夹。子文夹分别是"投标文件"、"报规文件"、"初步设计"、"施工图设计"等，其中，以初步设计为例，包括每一轮修改的图纸，如"2008.3"、"2008.5"、"2008.8"等不同阶段的修改都要保存，便于修改中的更替与查找。

② 高、低版本的转换。建筑专业应使用更高的CAD版本。低版本在成批制图时，如需要追加命令，每多一步操作加起来就会占用很多时间。但在文件保存时，通常要存成较低版本，如2002版本和t3文件，为其他专业提供作业图。

③ 图块标准化。使用几率较高的部分需制成图块，如厨卫大样图、电梯、扶梯、总图景观节点等，便于重复引用和修改。

3.3.2 初步设计实例评析

（1）初步设计依据及成果要求

■ 设计依据

初步设计主要依据相关设计规范和以下资料：

本工程建设主管部门对本工程可行性报告（方案）的批复文件（文件号）；

城市建设规划部门对方案设计（总体规划）的批复文件《审定设计方案通知书》（×规审字×号）；

业主所提的设计任务书（日期、文件号）；

业主提供的测绘部门测绘的1∶500地形图（×年×月修测），及实测的现状地形控制点标高（编制单位及日期）；

规划部门核发的钉桩坐标成果通知单（测号：×）；

岩土工程勘察报告（编制单位及日期）；

园林、交通等有关市政部门的意见和要求文件（文件号）；

设计合同（文件号）。

其中，除岩土工程勘察报告为结构专业设计条件外，其他各项均与建筑专业直接相关。设计过程中的重要依据也包括外部各方意见、会议记录、有关的计算书、方案调整比较资料、内部作业图等均要作为设计依据,由建筑专业协调和保存。

■ 成果要求

初步设计文件深度应满足《建筑工程设计文件编制深度规定》。① 报建文件需满足当地规划审批的要求。

一般包括设计说明书(含各相关专业的设计说明书)、建筑总平面图、主要建筑的平面图、立面图、剖面图,并辅以形象直观的建筑透视图或建筑模型。

扩初设计中各专业均需绘制出相应的技术图纸、设计说明和初步计算,详见《建筑工程设计文件编制深度规定》。

(2)设计深化意见、反馈与建议

设计方案经审查后,结合审查意见和进一步深化要求,建筑专业须协调外部各有关部门和内部各专业,形成初步设计的综合意见,经各专业讨论后,建筑专业还须做出反馈和建议。

■ 本案例深化意见示例

① 层数层高。住宅采用中高层和高层,层数按规划设计要求,层高按原建设部颁发的建筑工程设计规范进行设计。

② 储藏室。住宅采用半地下储藏室,净高不小于2m。保证每户一间储藏室,储藏室层数由设计单位自行确定,排风由设计单位自行考虑。

③ 建筑节能。设计按65%执行,阳台预留太阳能热水系统安装位置,预留和预埋管线接口。保温材料屋面采用挤塑板,外墙和地下室顶板保温材料暂按聚苯板进行设计。

④ 墙体。为加气混凝土砌块,地下室墙体材料采用粉煤灰砖或黄河淤泥砖,墙厚200mm。

⑤ 防水。选用改性沥青卷材(基础底板、地下室外墙、屋面防水)和聚氨酯涂料(厨、卫间防水)。阳台防水由设计单位按相关规范、标准综合考虑。

⑥ 阳台。采用80系列普通塑钢窗封闭,厨房设专用排油烟机,卫生间设专用排气道。设置室外空调板和预留空调管孔。空调板尺寸不小于1.2m×0.6m。

⑦ 门窗。分户门为钢制防盗防火保温门,内门为木夹板门;外窗及门连窗为80系列塑钢推拉窗配中空玻璃,普通纱扇(外窗均为普通窗,900mm窗台);内窗及门连窗用60系列塑钢推拉窗配普通单层玻璃。楼梯间窗可采用单玻塑钢窗。单元门为钢制对讲防盗门;一层及半地下室外窗设防盗网。

⑧ 电梯选型。电梯载重量30层按1000kg考虑,30层以下按800kg考虑。电梯井道按通用尺寸进行设计,其他执行相关规范。

---

① 初步设计文件的编排顺序为:1. 封面;2. 扉页;3. 文件目录;4. 设计说明书;5. 图纸;6. 主要设备及材料表;7. 工程概算书。

⑨ 其他标准。按照有关规范和设计标准的规定，设置无障碍设施，如坡道、栏杆、电梯、厕所等。

■ 本案例反馈示例①

① 80户型公共空间调整。综合各专业讨论意见，对80户型公共空间需作调整。将原设计三合一前室，改为两个前室。其中一个为一部剪刀梯专用前室，另一个为另一部剪刀梯和消防电梯合用前室。修改后原三合一前室2400的净宽可调整为普通尺寸，住宅分户门也可由乙级防火门改成普通防盗门。标准层面积也较原方案小$1\sim2m^2$。

② 地下室层高调整。住宅地下一、二层储藏室层高调整为2.8m。一可满足铺设设备管线后的梁底净高；二可减少地下室填土，节省造价。

③ 相关设备调整。住宅于南阳台预留太阳能冷热水接口，户内适当位置预留电热水器冷热水接口。

④ 电梯统一型号。住宅电梯均采用1000kg，便于统一设计。目前方案的电梯井道数据，可作为电梯招标的依据。建议避免大量调整，并请提供所招标电梯的详细技术数据，确定最迟提供日期为11月30日，方能据此在施工图设计中检查。

⑤ 业主提供资料。需业主明确商业网点、配套公建的设计标准，如商业网点和配套公建是否设暖气等。

■ 本案例分析建议示例

① 地下车库直通电梯。电梯是否直通地下室对建设成本、业主的使用和今后的管理均有影响。地下车库电梯从使用上应直达地下室，以方便业主出行。依据相关规范：《住宅设计规范》GB 50096—1999（2003年版），《汽车库建筑设计规范》JGJ 100—98，《住宅建筑规范》GB 50368—2005以及《全国民用建筑工程设计技术措施-建筑》也应设置直通电梯。未设置原因一是开发商考虑成本，二是按规范具体执行时存有争议。

② 外墙饰面材料。外墙涂料：指涂敷于物体表面能与基层牢固粘结并形成完整而坚韧保护膜的材料，是目前应用最普及的材料。

涂料优点：较为经济，整体感强，装饰性良好，施工简便，工期短，工效高，维修方便，首次投入成本低，即使起皮及脱落也没有伤人的危险，而且便于更新换代，丰富不同时期建筑的不同要求，进行维护更新以后可以提升建筑形象。同时，在涂料里添加防水剂可以一次施工就解决防水问题。

涂料缺点：质感较差，容易被污染、变色、起皮、开裂。同时，寿命较短，即使号称寿命10年的涂料，一般不到5年就可能需要清洁重刷，而这笔费用一般是从业主的房屋维修资金中支付。此外涂料会在水泥凝固后收缩，在外立面产生一些裂纹，虽然新型的弹性涂料可以解决这一问题，但弹性涂料的价格较贵。

---

① 其他专业的反馈意见和建议略。

适用范围：外墙涂料适用于环境污染不大的区域，如别墅以及4层以下的建筑，这些物业大多在郊区，环境的污染程度较小，建筑高度不高，便于重新涂刷。

面砖：指用于建筑物外墙的陶质或炻质建筑装饰砖，施工工艺要求高。外墙面砖有施釉和不施釉之分。从外观上看，表面有光泽或无光泽，各有不同的质感。

面砖优点：坚固耐用，具备很好的耐久性和质感，色彩鲜艳且具有丰富的装饰效果，并具有易清洗、防火、抗水、耐磨、耐腐蚀和维护费用低等特点。耐久性包括耐脏、耐旧、耐擦洗、寿命长，特别是在环境污染比较大、空气灰尘多的地区，无疑具有非常大的优势。

面砖缺点：首次投入成本较高，粘贴要求较高，施工难度大，施工技术不过硬容易造成脱落伤人。同时，必须另外采用防水材料解决防水问题。从环保的角度讲，清洗过程中用酸会对大气造成污染。需要特别注意的是，采用面砖的外墙一旦发生渗水问题，较难找到渗水的位置到底在哪里，这一点会给以后的维修带来很多麻烦。

选用建议：建议选用外墙材料必须满足以下基本条件：耐久性，安全性，适应当地的城市环境，经济性。

③ 外墙保温系统。现在山东省外墙外保温节能要求必须达到65%以上。实例考察发现，工程上使用较多的外保温材料是挤塑板（XPS）和聚苯板（EPS），聚苯板的使用比例占大多数（表3-8）。

EPS薄抹灰外墙外保温体系是众多外墙外保温体系中应用最广泛的。但一些采用EPS薄抹灰外墙外保温的工程出现了不同程度的开裂、脱落等较为严重的质量问题。

XPS（挤塑板）薄抹灰外墙外保温基本与EPS薄抹灰外墙外保温相似，但XPS（挤塑板）薄抹灰外墙外保温基层处理要求更严，误差更小。

聚苯板现浇混凝土外墙外保温，这种材料强度高，比较适合面砖饰面的外保温，但其缺点是：钢丝网的斜插钢丝易造成冷桥效应；网片联结疏漏易造成裂缝；钢丝网架的外保温要具备有效的避雷措施。

浆料保温，根据质检站要求，外墙保温已不再允许使用浆料保温，但可用于户内隔墙和楼梯间墙。

混凝土复合外墙保温，分粘挂复合保温板（A型板）和复合保温模板（B型板）两种类型。这两种板的共同特点是为防止保温墙面开裂造成雨水内渗，用保温层和无机胶凝改性材料、多层耐碱网格布挤压在一起（外侧），从而防止了外墙面因开裂而渗水。比较适应面砖饰面的外保温。

按照外墙面积100万 m^2 计算，采用复合保温系统粘锚A型板，比薄抹灰保温节约造价1000万元，采用复合保温大模内置B型板，比薄抹灰保温节约造价2500万元。

外墙外保温系统综合分析　　　　　　　　　　　表3-8

项目名称	复合保温板系统		薄抹灰系统	三明治系统
	粘锚A型板	大模内置B型板		
外饰要求	抗拉强度≥0.4mpa，可贴面砖	抗拉强度≥0.4mpa，可贴面砖	达不到抗拉强度要求	达不到抗拉强度要求，贴面砖需采用特殊工艺
施工工序	节约基层抹灰	节约基层抹灰，脱模剂、界面处理、增加模板周转次数	一般工序	一般工序
施工工期	工期较一般保温系统，操作简便，施工快，工期短	保温施工与建筑主体施工同步完成，大大缩短工期	施工复杂，工期长	施工复杂，工期长
市场价格（元/m²，含施工费）	110	110	90	135
节约成本	30	45	0	0
综合成本	80	65	90	135

根据不同的外墙饰面选用保温材料，外墙镶贴的选用钢丝网聚苯板（SB2板）；外墙为涂料的选用聚苯板或SB1板。混凝土无机改性复合保温板有很大优越性，并且节省工期，节约投资，建议选用。

（3）与相关专业的技术协调

建筑专业与结构、水、暖、电专业的技术协调，需要先将作业图提给各专业负责人。作业图应标明建筑类别、性质、面积、层数、高度，各专业据此提出各自的设计要求和条件。比如，配电室的布置方式与空间大小就涉及电气、暖通、结构三个专业的配合协调，才能最终落实在建筑图上，类似技术问题均需在初步设计阶段研究解决。

技术协调时，一般由设计总负责人与业主或项目管理公司进行联络沟通，组织各专业负责人根据技术要求沟通协调。

以下是本案中，各相关专业所需配合的技术内容。

■ 结构专业

上部结构选型；

伸缩缝、沉降缝和防震缝的设置；

地下室的结构做法和防水等级、抗渗等级，当有人防地下室时说明人防的抗力等级；

为满足特殊使用要求所作的结构处理；

主要结构构件的位置、尺寸等。

■ 给水排水

市政供水的压力进户方向，主管径大小；

市政排水的排水点标高及排水管的排水方向、主管径；

中水系统和直饮水系统；

集中供应卫生热水系统，热源方式（太阳能，城市集中供热等）；

消防系统遵循有关防火规范设计；

消防水池、水泵房、水箱间的设置。

■ 暖通空调

空调热源形式；

中央空调形式选用（地源热泵、多联机、电制冷机＋换热器）；

城市集中供热的热源温度、压力、入户方向等有关参数；

需要通风的房间和部位；

需要防排烟的房间和部位；

通风、空调、冷热源机房、室外机的位置及布置。

■ 电气专业

强电包括小区变配电室容量、形式、位置；是否设有集中空调系统，确定供电等级；建筑内配电间的位置尺寸等。

弱电包括火灾自动报警系统、安防视频监控系统、数据和语音综合布线系统、有线电视系统等。

(4) 初步设计图纸

本居住区初步设计案例是在报规基础上的继续深化，其设计成果同时用于建筑单体报建。内容包括建筑设计说明与建筑做法说明，建筑总平面图（同本章第二节报规规划总平面图），建筑平、立、剖面图。

■ 建筑设计说明与建筑做法说明

初步设计的建筑设计说明是相关专业进行施工图设计的重要依据。说明内容是相关专业设计时必不可少的基础资料。

■ 建筑总平面图（图3-11、图3-22）

图例详见本章第二节报规规划总平面。

主要需明确标注以下内容：建设用地范围内建筑物的外轮廓线、转角坐标、符合规划要求的退距和建筑标高；道路宽度、转弯半径、中心线交点坐标；建筑物的人行及车辆出入口；四周绿化布置等；用不同图例区分新建建筑、现存建筑与拟建建筑；指北针与比例。总图尺寸一般以米为单位标注，并附以图例和简单说明。

■ 建筑平面图（图3-29～图3-31）

① 功能标注明确。平面图需注明每层房间功能、柱网尺寸及墙体、门窗、楼梯位置等。各房间建筑功能的标注、墙体位置、墙体厚度等是结构专业计算荷载、设计结构体系的依据，也是水电系统布置、计算和取值的依据。

② 分清结构构件。柱网、墙体、门窗的布置将决定结构柱截面大小、梁高以及梁的

布置等结构方案，绘制平面图时应及时与结构专业协商，以确定合理的柱网布置以及各类墙体，如承重墙、普通隔墙与轻质墙的位置。

③ 屋面做法清楚。屋面平面图需要确定屋面是结构找坡还是建筑找坡，是否设置屋面构架、设备基础，以及屋面设备间布置的特殊要求、高度等均将涉及结构设计，需标注清楚。

- 建筑剖面图（图 3-32）

① 标明立面凹凸。层高及局部的高低变化都将影响结构梁的做法和设备管道的布置方案、走向和坡度，建筑剖面图应明确标注建筑外部立面凹凸情况和内部的空间变化。

② 选择合理剖切的位置。剖切位置一般选在高度和层数有变化或空间变化较为复杂的位置。

- 建筑立面图（图 3-32~图 3-34）

① 图纸对应一致。立面图门窗及具体造型的做法、尺寸应与其平面图、效果图保持一致。沿城市道路、广场等公共空间的主要立面需要着重处理。

② 标明尺寸、做法。建筑立面图应表示外观尺寸、做法及效果。

③ 标明立面凹凸。门窗在立面上的标高、雨篷、阳台、立面装饰材料的形状及凹凸变化，通常是结构计算的数据，应标明。

④ 标明设备位置。设备竖井、风口、天线的位置应尽量不影响主立面效果。

3.4 建筑施工图设计实例

3.4.1 施工图设计工作要点

（1）施工图设计流程

施工图设计之前，业主应向设计单位、项目设计人员提供必要的设计依据，包括地质报告、建设方和市政部门的审批意见、市政配套设施条件。有特殊要求的有关结构、保温、设备等需要合作设计的部分，应及时介入设计过程中。

施工图设计过程中，建筑专业需先将建筑基本图纸提交结构、电气、水暖、空调专业等相关专业，待各专业提出相应的深化设计要求后，建筑专业按照相关意见调整图纸，然后回提给各个专业，经各专业确认后，再以此为依据按深度标准完成施工图设计。同时，建筑专业应将特殊形式与构造要求绘出大样图，以达到特定的设计效果。

施工图完成后，业主、项目管理公司及审图中心将分别进行图纸审查。设计单位根据审查意见书对施工图进行修改完善。

项目施工前，设计单位应向施工单位进行技术交底，根据施工单位提出的相关问题，进行答复，必要时需做设计变更。

变更复审通过后，设计资料和修改后的图纸需要一起归档备案。

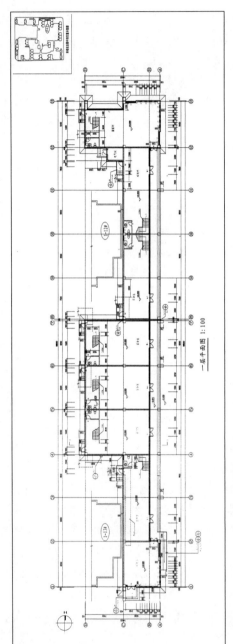

图3-29 1号地块12号、13号住宅楼商业网点一层平面图

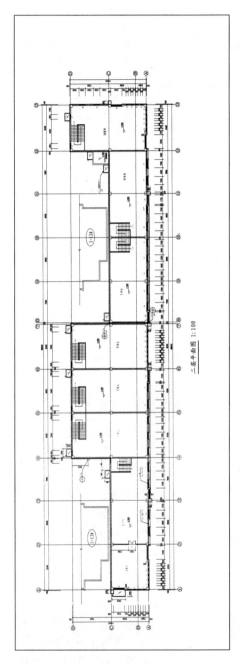

图3-30 1号地块12号、13号住宅楼商业网点二层平面图

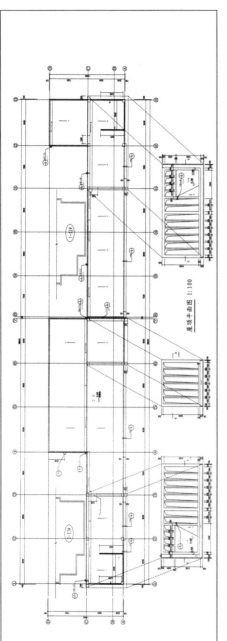

图3-31 1号地块12号、13号住宅楼商业网点屋顶平面图

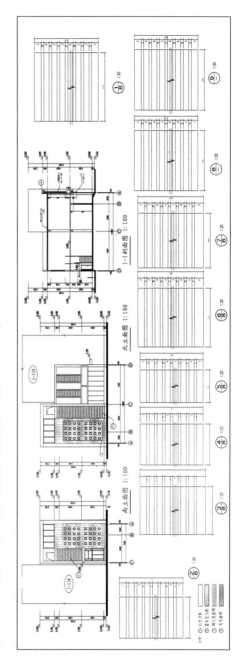

图3-32 1号地块12号、13号住宅楼商业网点南、北立面图，1-1剖面图，大样图

第3章 设计工作实例评析

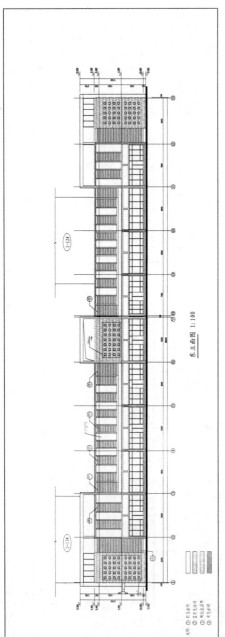

图3-33 1号地块12号、13号住宅楼商业网点东立面图

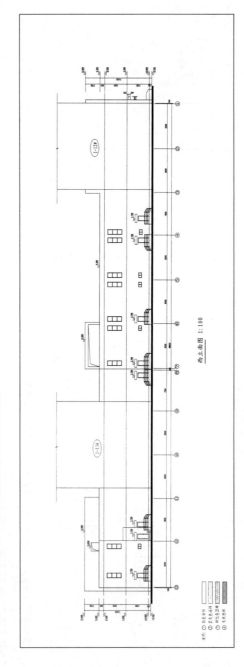

图3-34 1号地块12号、13号住宅楼商业网点西立面图

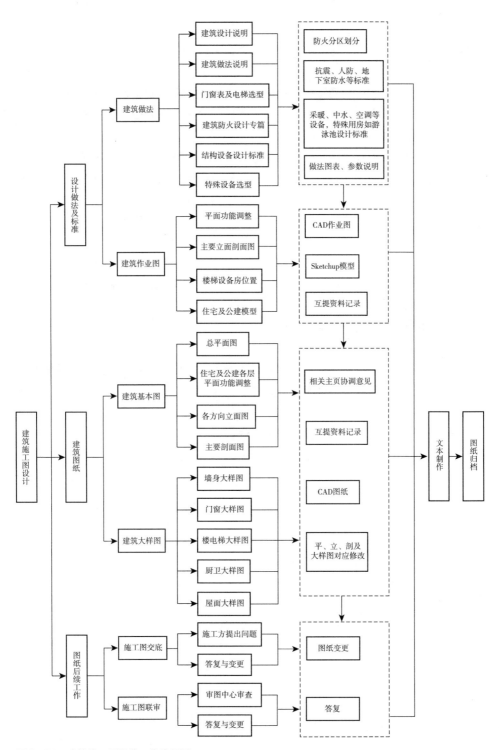

图 3-35 建筑施工图设计工作流程图

（2）施工图设计实习建议

同初步设计阶段一样，施工图设计实习需要遵循严格的设计规范、绘图标准和工作程序。实习生应主动与设计人员和相关专业人员积极交流沟通，注意提问和及时修正。

这种沟通既包括图面问题，更包括现场沟通。有机会多到工地察看，随时留意施工问题的处理技巧，并会同规划、消防、施工等部门的审核与验收。这样才能逐渐熟悉各环节的工作内容和要求。

建筑施工图可分为基本图和大样图两部分。基本图反映整体设计内容；大样图则是具体到局部细节的特殊做法与构造。绘制时一般先画基本图，后画大样图，并按平面→剖视→立面→大样图的顺序进行。同类型关系密切的内容集中排列，以方便施工翻阅和图纸审阅。需做修改时相关图纸需要反复对照，相互对应以防疏漏。

需要强调的是，在全套施工图中，建筑图是最基本的。建筑专业必须先提出作业图作为各专业的设计依据。没有准确的建筑图，相关专业就无法进行施工图设计。可以说，建筑施工图是结构、给排水、采暖、通风、电气、概预算等专业的设计依据。

3.4.2 施工图设计实例评析

（1）施工图设计依据及成果要求

施工图设计的依据，包括现行的国家有关建筑设计规范、规程和规定，选用标准图集详见本节建筑图纸建筑做法说明部分。选用文件深度应满足《建筑工程设计文件编制深度规定》。

本案例为居住建筑施工图设计，其设计依据如下：

■ 相关文件

×市建设行政主管部门批准建设的相关文件；

经甲方认可的方案设计文件和施工图设计任务书。

■ 相关规范及行业标准

《民用建筑设计通则》；

《住宅建筑规范》；

《住宅设计规范》；

《住宅设计建筑标准》；

《民用建筑节能设计标准（采暖居住建筑部分）》；

《居住建筑节能设计标准》；

《城市道路和建筑物无障碍设计规范》；

《高层民用建筑设计防火规范》；

《建筑内部装修设计防火规范》；

《屋面工程技术规范》；

《建筑设计防火规范》；

《公共建筑节能设计标准》；
《地下工程防水技术规范》；
《建筑玻璃应用技术规程》；
《工程建设标准强制性条文》；
《建筑节能工程施工质量验收规范》。

(2) 施工图设计深化

本案例主要从建筑方案、建筑做法和业主意见修改情况等方面来着手施工图设计。

■ 建筑方案深化

① 80 中间户型修改（图 3-36）。角窗改为普通窗，增强结构抗震的合理性，减少综合造价，避免两户对视。南北凹进位置增加局部联系板，增强抗震性能，兼做空调机位。

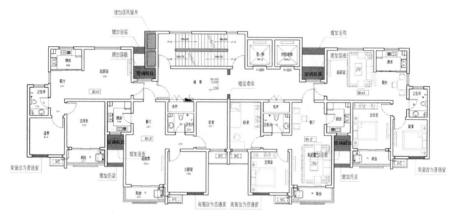

图 3-36　80 户型修改标准层平面图

② 住宅厨房窗台高度调整。按现行标准图，厨房洗涤盆水龙头均固定在墙面上，其顶标高为距楼面 1100mm。因此出现以下问题，当厨房洗涤盆可以放在厨房实墙面上时，不影响窗台标高，该窗台可做 900mm。当厨房洗涤盆因为厨房布置，必须放在厨房窗前时，影响窗台标高，该窗台需做 1100mm。

120、160 户型厨房洗涤盆可以放在实墙面上；60、80 户型厨房洗涤盆放在厨房窗前；但按现在较流行的洗涤盆做法，厨房洗涤盆水龙头设弯嘴水龙头时，可不固定在墙面上，即使洗涤盆放在厨房窗前，窗台可做 900mm 也可满足使用要求。因此现设计为：厨房窗台墙高度均为 900mm，洗涤盆放在厨房窗前的户型设弯嘴水龙头。

③ 电梯选型与土建尺寸（图 3-37）。电梯洞口尺寸统一为 1100mm×2200mm；消防电梯均下到地下室底层，非消防电梯到 ±0.00；层显、控制盒尺寸按日立、三菱、奥蒂斯三者的较大者取用、预留；电梯门套做法：一层为石材门套，其他各层为不锈钢门套；电梯基坑深度要求≥1.7m。

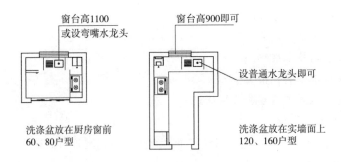

图 3-37 住宅厨房窗台高度调整示意图

- 建筑统一做法

① 墙体做法。外墙、分户隔墙为 200mm 厚加气混凝土砌块；卫生间墙厚 100mm 厚加气混凝土砌块。

② 保温做法。建筑节能设计按省标公共建筑节能 50% 执行；屋面采用挤塑板；地下室顶板（一层无地下室的地面采用挤塑板保温）、外墙保温材料按聚苯板进行设计；做法说明中的保温层厚度最终由节能设计确定其最终厚度。

③ 防水做法。屋面防水选用改性沥青卷材；卫生间防水聚合物水泥防水涂料。

④ 门窗做法。外门为 80 系列塑钢地弹簧门配中空玻璃；卫生间门为木夹板门；外窗为 80 系列塑钢推拉（或上悬）窗配中空玻璃、普通纱扇。

⑤ 内装修做法。卫生间楼地面为防滑地砖（地砖选用 300mm×300mm，米黄色），其余房间及平台楼地面为水泥地面；卫生间内墙面为瓷砖到顶棚（墙砖选用 200mm×300mm，白色），瓷砖以上部分墙面刮腻子及刷防水乳胶漆两遍，顶棚为 PVC 板吊顶；其余房间及平台楼地面为水泥地面；其余房间墙面为混合砂浆普通乳胶漆墙面，棚顶为纸面石膏板吊顶；踢脚线为暗设水泥砂浆踢脚；室内楼梯为水泥踏步，型钢栏杆；室外踏步为石板踏步。

⑥ 外装修做法。刷外墙着色涂料及粘贴面砖（根据立面要求）。详细做法详附图。

- 答复业主意见表

答复业主意见表如表 3-9 所示。

答复业主施工图设计意见　　　　　　　　　　表 3-9

编号	业主意见	答复
1	预留空调机位及空调滴水管	已经考虑
2	水、电、气表的设置要考虑到抄表到户的需要，尽量集中放在首层	按设计任务书要求及实际使用的需要，每层的水表、电表应设于本层管井内
3	信报箱的设置亦要考虑邮政需要放在首层（放在架空层等首层以上，邮电部门会加收服务费），可以同时考虑送奶的存放	由物业管理负责选址安装

续表

编号	业主意见	答复
4	阳台设计应考虑洗衣、拖地统一接管,并配两个地漏(其中一个为洗水机排水用)避免二次装修问题	南阳台设洗衣机专用地漏
5	建筑物的上人平台可以设计成花坛、绿化带;多层屋顶不上人天台设计成易于养护的绿化带,以隔热和弥补地面绿化面积的不足	按物业管理要求屋顶均不上人;也不设屋顶绿化,增加成本,管理不便
6	布线设计应考虑主、次卧房及大厅都应配置预留电话插座、宽带网或局域网电脑连线插口、电视插座	按要求设计
7	小区内的消防水管是否考虑可用(在地面)油漆的红管或不易退色的油漆管(以减少高空作业)	小区消防管全部设于地下车库顶部,有利于防冻,同时也节省工程造价
8	单元楼道灯最好采用光控红外线复合开关(以方便业主上下楼梯,且减少楼道公共照明用电量)	实际采用声光控复合开关
9	消防水泵、二次供水等设备设施功率大,但用电量很少的可否合用一个电表	所有电力负荷均合用一个电表
10	各单元门、停车位、外围、死角,商铺招牌部位平台等应设计加装闭路电视监控	设计任务书无此项,是否增设由甲方书面确定
11	易发生问题(渗水)的排污管、水管在穿越楼板,墙体因受挤压而易爆裂(PV管)或生锈而破裂(镀锌管)设计时设置套管	所有穿越外墙的管线都预留了刚性防水套管,图中已注明
12	管道煤气,智能综合布线,二次加压的管路及闸阀,用于餐饮商铺预留的排烟道和隔油池等都应在设计中加以考虑(往往被忽视)	管道煤气,智能综合布线,由专业公司设计;底商中有无餐饮商铺尚未确定
13	阳台设计要考虑到花盆座架(底部向里倾斜)以防淋花水往下滴水给下面业主带来不便,客厅、主人卧室分体式空调穿线预留外斜防水措施设计要考虑进去	与物业确定,阳台未考虑花盆座架,分体式空调预留套管

(3) 建筑施工图纸

本案例建筑施工图内容包括总平面图,建筑设计说明,建筑设计防火专篇,建筑做法说明,建筑节能设计专篇,门窗表,以及平、立、剖面图和建筑大样图。

■ 总平面图

建筑施工图的总平面图详见上节报建项目中的总平面图。

■ 建筑设计说明

建筑设计说明需要明确项目概况、图纸情况、防水工程、门窗工程、设备工程等概况。以下说明中省略装修材料设计、室内环境质量控制、无障碍设计、施工验收等其他施工中注意事项等部分。

① 工程概况。本工程为1号地块12号住宅楼，本项目主要特征如表3-10所示。

1号地块12号楼主要项目特征表　　　　　表3-10

主要结构选型	采用钢筋混凝土剪力墙结构，基础形式为桩基础		
抗震设防类别	丙类	抗震设防烈度	六度
建筑物场地类别	III类	结构设计使用年限	合理使用年限50年
建筑面积	总建筑面积：14556.90m^2 地下储藏层：1442.54m^2 地上住宅层：13114.36m^2		
建筑层数	地下2层，地上18层		
建筑高度	52.350m（室外地坪到女儿墙顶的高度）		
建筑分类	二类高层居住建筑		
耐火等级	地上部分耐火等级为二级，地下室耐火等级为一级		
防水等级	地下工程防水等级为二级，屋顶防水等级为II级		
设计等级	民用建筑工程设计等级一级		

本设计承担本项目建筑、结构、给排水、暖通、电气施工图设计。室外景观环境、室外排水、绿化等由其他专业设计承担，室外主要确定各出入口处室外地坪标高。

② 设计标高、总图位置。本工程各单体±0.00相当于绝对标高值、施工位置详建总01"总平面位置图"。室外景观环境、绿化设计标高的确定应以不影响本设计的室外标高为原则。

③ 尺寸标注。所有尺寸均以图纸标注为准，不应从图纸上量取。

本工程标高以m为单位，总平面尺寸以m为单位，其余尺寸均以mm为单位。

各层标注标高为完成面标高（建筑面标高），屋面标高为结构面标高。

建筑平面图所注尺寸均为结构尺寸，门窗所注尺寸均为洞口尺寸。

④ 墙体、柱。钢筋混凝土框架柱、剪力墙定位及断面尺寸详见结施图，填充墙采用加气混凝土砌块墙，厚度及定位详建施图。

埋入地坪下的外围护墙体，均为钢筋混凝土墙。

钢筋混凝土墙体留洞详见结施图，砌块墙留洞300mm以下应与各工种图纸密切配合施工，砌块墙上留洞大于300mm时设过梁，严禁现场打凿。洞口过梁做法与选用、构造柱做法、填充墙与框架柱及剪力墙拉结措施、水平现浇带等详见结构设计总说明及图纸。

砌筑电缆井、管道井、风道内表面随砌随抹灰（与户内相邻隔墙为保温砂浆），电缆井、管道井楼板预留钢筋，待电缆、管道安装完毕后，用强度高一级的膨胀混凝土补浇楼板，板厚100mm，穿管缝隙用防火材料填实封严，耐火极限1.50h。

⑤ 防水工程。地下室工程防水等级为二级，执行《地下工程防水技术规范》GB 50108—2008 及地方有关规程、规定。采用钢筋混凝土自防水及卷材防水做法。防水混凝土设计抗渗等级 P6，要求连续不间断施工。防水混凝土的施工缝、穿墙管道预留洞、转角、坑槽、后浇带等部位地下工程薄弱环节应严格按《地下防水工程质量验收规范》GB 50208—2002 执行。250 厚防水钢筋混凝土外墙外贴 3 厚双层高聚物改性沥青防水卷材，防水做法见 L06J002。

屋面防水等级为Ⅱ级，防水层合理使用年限为 15 年，采用二道防水设防，详建施"建筑做法说明"。采用有组织排水，详见屋顶平面图；雨水斗、雨水管采用 UPVC 成品，订现货。

屋面排水详见屋顶平面图；雨水斗、雨水管采用 UPVC 成品，订现货。有防水要求的房间隔墙下部均做 300mm 高混凝土挡水槛，与楼板一起浇筑。

⑥ 门窗工程。建筑外门窗抗风压性能分级、气密性能分级、水密性能分级、保温性能分级、空气声隔声性能分级应符合国家标准的要求。外门窗气密性能等级不应低于 6 级，单位缝长空气渗透量为 $q1 \leqslant 1.50$ [$m^3/$（$m \cdot h$）] 水密性能等级不低于 3 级（>250Pa），空气声隔声性能等级不低于 3 级（>30dB），抗风压性能等级由专业厂家根据当地情况确定。

门窗玻璃选用应遵照《建筑玻璃应用技术规程》JGJ 113—2009 和《建筑安全玻璃管理规定》发改运行[2003] 2116 号文及地方主管部门的有关规定。面积大于 1.5m 的窗玻璃或玻璃底边离最终装修面小于 500mm 的落地窗，室内隔断、浴室围护和屏风，楼梯、阳台、平台走廊的栏板，公共建筑物的出入口、门厅等部位，易遭受撞击、冲击而造成人体伤护和屏风，楼梯、阳台、平台走廊的栏板，公共建筑物的出入口、门厅等部位，易遭受撞击、冲击而造成人体伤害，必须使用安全玻璃，专业厂家应按照规范及相关规定要求确定安全玻璃种类及厚度。

门窗立面均标示洞口尺寸，门窗加工尺寸应按照装修面厚度由专业厂家予以调整，并现场校核尺寸及数量。

门窗洞口均按规范要求预埋木砖或预埋件，门窗立樘除图中另有注明者外均与墙外皮平。

窗台高度低于 900mm 的外窗，设不锈钢护窗栏杆，有效防护高度自可踏面起算 900mm 高。封闭阳台外窗台高 900mm，窗台上设 200mm 高不锈钢防护栏杆，有效防护高度 1100mm。

门窗选料、颜色、玻璃见"门窗表"附注，门窗五金件选用应符合有关国家规范及行业标准的规定。

⑦ 建筑设备、设施工程。住宅电梯载重量 800kg 两部，运行速度为 1.6m/s，其中一部为消防电梯（兼无障碍电梯）运行段为 -2 层~18 层，电梯须在施工前由甲方订货，并提供电梯土建安装图，以作为深化设计的依据。电梯生产厂家应严格按现行

国家规范、行业标准设计、制作、安装。消防电梯、无障碍电梯必须满足相关规范要求。

卫生洁具、成品隔断由建设单位与设计院协商确定，并应与施工配合。

■ 建筑设计防火专篇

本工程建筑面积14556.90m²，钢筋混凝土剪力墙结构，地上18层，地下2层。地上为住宅，地下室为储藏室，储藏室的火灾危险性分类为戊级，储存不燃烧物品。建筑高度52.35m（不包括机房）。设计合理使用年限50年。依据"高规"条文，防火专篇举例略去建筑室内装修、结构部分、给水排水部分、电气部分等。

① 建筑分类、耐火等级（"高规"3.0.1、3.0.4）。建筑分类：本工程为二类高层居住建筑；耐火等级：地上部分耐火等级为二级，地下室耐火等级为一级。

② 总图设计。环形消防车道设于本工程地上建筑的周围，消防车道宽度>4m，车道距高层建筑外墙>5m，消防车道上空4m以下范围内没有障碍物（4.3.4）。

主楼的底边至少有一长边或周长长度的1/4且不小于一个长边没有布置裙房（4.1.7）。

与周边建筑间距均大于13m（4.2.1）。

③ 防火分区设计（5.1.1）。本工程1~18层为单元式住宅，每层每单元作为一个防火分区，建筑面积均<1500m²，地下室每层分为两个防火分区，建筑面积均<500m²。

④ 疏散楼梯、消防电梯设置（6.1、6.2、6.3）。住宅地下储藏室部分每个防火分区均有一个直通室外的安全出口，另有甲级防火门通向另一个防火分区，作为第二安全出口。

住宅地上部分每个防火分区设一个安全出口，一层疏散外门总宽度为1.5m，并设有一座通向屋顶的疏散楼梯，户门为甲级防火门。窗间墙宽度、窗槛墙高度大于1.2m，且为不燃烧体墙。楼梯间靠外墙，直接天然采光和自然通风，每层疏散楼梯净宽度为1.16m>1.1m。

本工程设一部防烟楼梯间、一部消防电梯；采用合用前室，其面积大于6m²。消防电梯载重量800kg，速度1.6m/s，电梯运行段为从-2~18层，运行时间<60s。

地下室与一层楼梯间用100厚加气混凝土砌块墙隔开，并设明显标志，隔墙上设乙级防火门，隔墙耐火极限2.0h。

本工程所有疏散门均向疏散方向开启，楼梯间直通屋面的门向屋面开启。

⑤ 电梯井、管道井、消火栓（"高规"5.3）。电梯井道独立设置，其井壁为180mm厚钢筋混凝土墙，电井、管井、排烟井分别独立设置，其井壁为耐火极限大于1.00h的不燃烧体；井壁上的检查门为丙级防火门。其中电井、管井待设备安装完毕后，在每层楼板处用耐火极限1.50h的钢筋混凝土板作防火分隔。

消火栓半暗装时，墙体预留消火栓洞口背面采用75mm厚加气混凝土砌块砌筑封堵，（不含抹灰粉刷）耐火极限2.50h。

⑥ 防火门窗、防火卷帘（"高规"5.2、5.4）。防火墙上的门窗均为可自行关闭的甲级防火门窗，变配电室、消防水泵房、通风机房、换热机房等均采甲级防火门。

消防电梯前室、防烟楼梯间及其前室（合用前室）、封闭楼梯间的门为乙级防火门，前室内户门为甲级防火门。

电缆井、管道井、风道检查门为丙级防火门。

防火墙上的防火卷帘为采用包括背火面温升作耐火极限判定条件的特级防火卷帘，其耐火极限不低于3.00h。

- 建筑做法说明

施工图中做法选用主要选自国家与省标准图集。常用标准图集有《建筑做法说明》、《地下室防水》、《楼梯配件》、《住宅厨房与卫生间》、《屋面》、《墙身配件》、《室外配件》、《卫生间配件及洗池》、《室内装修》、《建筑无障碍设计》、《居住建筑保温构造详图（节能65%）》、《住宅防火型烟气集中排放系统》、《阳台》、《防火门》等。说明中未注明处均采用省标《建筑做法说明》。

① 道路、广场

路1 混凝土路面

C25混凝土厚220用于区内主次干道，当用于住宅楼前小道时C25混凝土厚为120；120（180/220）厚C25混凝土路面；

20厚粗砂结合层；

300厚3∶7灰土（分两步夯实或碾压）；

路基碾压，压实系数大于等于0.95。

② 散水

散1 细石混凝土散水（用于各建筑四周，宽度均为1m）

60厚C20混凝土随打随抹，上撒1∶1水泥细砂压实抹光；

150厚3∶7灰土夯实；

素土夯实。

③ 坡道

坡2 水泥豆石坡道（用于住宅入口无障碍坡道）

20厚1∶2水泥豆石抹面，稍干时用水湿刷至表面微露豆石，两侧留20宽边不刷；

素水泥浆结合层一道；

80厚C20混凝土；

300厚3∶7灰土（分两步夯实或碾压）；

素土夯实。

④ 地面

地2　水泥砂浆地面（用于住宅楼地下二层的地面做法）

20厚1：2水泥水泥砂浆抹面压实赶光；

素水泥浆结合层一道；

60厚C15混凝土垫层；

3：7灰土夯实；

往下做法具体详见地下室底板做法。

⑤ 楼面

楼1　水泥楼面（用于地下一层所有房间以及楼梯间电井管井，电梯机房）

20厚水泥砂浆压实赶光；

素水泥浆一道；

现浇钢筋混凝土楼板。

楼2　铺防滑地砖防水楼面（用于卫生间防滑地砖尺寸——300mm×300mm）

8~10地面砖，砖背面刮水泥浆粘贴，稀水泥浆（或彩色水泥浆）擦缝；

30厚1：3干硬性水泥砂浆结合层；

1.5厚聚合物水泥防水涂料（刷3遍），四周卷起高300；

刷基层处理剂一道；

20厚1：3水泥砂浆抹平；

素水泥浆一道；

50厚C20细石混凝土填充层（敷设管线）；

现浇钢筋混凝土楼板。

楼3　水泥砂浆楼面（其他房间：卧室、起居室、走道等）

20厚1：2水泥砂浆压实赶光；

素水泥浆一道；

40厚C20细石混凝土（掺加PP纤维，$0.9kg/m^2$）填充层；

10厚挤塑聚苯板保温层；

现浇钢筋混凝土楼板。

■ 建筑节能设计专篇

建筑节能设计依据包括国标《民用建筑节能设计标准（采暖居住建筑部分）》、国标《民用建筑热工设计规范》、国标《住宅建筑规范》、国标《外墙外保温工程技术规程》，省标《居住建筑节能设计标准》、《外墙外保温应用技术规程》，建设部令143号《民用建筑节能管理规定》等。

经过计算，提供节能计算书和节能设计表，并和施工图纸一起审查并归档（表3-11）。

1号地块12号楼居住建筑节能设计表

表3—11

工程名称：1号地块12号住宅楼　结构选型：剪力墙结构　层数：18层　层高：2.8m　朝向：正南向

部位名称		节能做法	K [W/(m²·K)]	
			规定值	计算值
屋顶		55厚挤塑聚苯板保温层，具体见建筑做法说明	0.55	0.52
外墙	主墙体	180厚加气混凝土砌块+60厚聚苯板保温层，具体见建筑做法说明，详L06J113B体系-19-15	0.63	0.43　K平均值0.53
	热桥部分	180厚钢筋混凝土+60厚聚苯板保温层，具体见建筑做法说明，详L06J113B体系-18-13		0.587
窗（包括阳台门透明部分）		5+6A+5中空玻璃80型塑窗，空气层厚度为6mm	2.80	2.58~2.79
不采暖楼梯间	隔墙	180厚加气混凝土砌块（钢筋混凝土）+25厚胶粉聚苯颗粒	1.70	1.629
	户门	金属保温门	2.00	2.00
楼板	接触室外空气楼板	无	0.50	/
	与不采暖空间相邻的楼板	160厚钢筋混凝土楼板+60厚聚苯板保温层	0.65	0.576
地面	周边地面	无	0.52	/
	非周边地面	无	0.30	/
凸（飘）窗	顶板	无	1.50	/
	底板	无	1.50	/
开敞阳台		无	1.50	/
伸缩缝、沉降缝两侧外墙		180厚加气混凝土砌块（钢筋混凝土）+25厚胶粉聚苯颗粒	1.70	1.629
抗震缝两侧外墙		180厚加气混凝土砌块（钢筋混凝土）+25厚胶粉聚苯颗粒	1.70	1.629
分户墙		180厚加气混凝土砌块（钢筋混凝土）+15厚胶粉聚苯颗粒（双面各15厚）	1.70	1.514
层间楼板		100厚钢筋混凝土楼板+10厚挤塑聚苯板保温层及40厚细石混凝土垫层	2.00	1.55
热计量方式	分户计量、分室调节	北	0.30	0.20
采暖方式	集中供暖	窗墙面积比　东、西	0.30	0.066、0.066
体形系数(S)	0.23	南	0.50	0.42
其他		建筑物耗热量指标		
建筑节能设计判定方法		（　）直接判定法　　（　）指标判定法　　（　）对比判定法		

■ 门窗一览表（表3-12）

表 3-12 1号地块12号楼门窗一览表

类型	编号	洞口尺寸 宽度	洞口尺寸 高度	各层樘数 地下二层	各层樘数 地下一层	各层樘数 一层	各层樘数 二层	各层樘数 三层	各层樘数 标准层	各层樘数 机房层	总樘数	选用图集	标准图 选用编号	备注
防火门	甲FM1	1000	2100			6	6	6	6×15		108	L92J606	MFM-1021-A2	甲
	甲FM2	800	2100	1	3						4	L92J606	MFM-0821-A1	甲
	甲FM3	900	2100	3							3	L92J606	MFM-0921-A1	甲
	甲FM4	1000	2100	2	2					6	10	L92J606	MFM-1021-A2	甲
	乙FM1	1200	2100	3	3	3	3	3	3×15		60	L92J606	MFM-1221-B3	乙
	乙FM2	1000	2100	6	6	3	3	3		3	18	L92J606	GFM-1021-A1	乙
	丙FM1	1300	1950	3	3	3	3	3	3×15		60	L92J606	MFM-1319-A3	丙
	丙FM2	1000	1950	3	3	3	3	3	3×15		60	L92J606	MFM-1319-A3	丙
	丙FM3	1000	1700	3							3	L92J606	MFM-1319-A3	丙
门	M1	900	2100			18	18	18	18×15		324	L92J601	M2b-189	
	M2	800	2100			18	18	18	18×15		324	L92J601	M1a-35	
	M3	2700	2300			6	6	6	6×15		108	L92J601	TM-134	
	M4	1500	2100			3					3			略
	M5	800	2100	56	55						111			
窗	C1	2100	1400			6	6	6	6×15		108	L92J605	TC-19	
	C2	900	1400			6	6	6	6×15		108	L92J605	TFC-19	
	C3	1200	1400			1	1	1	2×15		33	L92J605	TFC-19	
	C4	1100+600	1400			1	1	1	2×15		33	L92J605	TC-19	
	C5	1600+600	1400			2	2	2	2×15		36	L92J605		
	C6	3720	1400			6	6	6	6×15		108	L92J605		
	C7	1500	1400			4	4	4	4×15		72	L92J605	TC-16	
	C8	1000	1400			5	5	5	4×15		75	L92J605	TFC-20	
	C9	1800	1400			3					3	L92J605	TC-17	
	C10	800	800				3	3	3×15		51	L92J605	TC(M)-05	
	C11	1800	800											

- 平面图

平面图比例1∶100,分层绘制,每一层不同的平面就须绘制一张图;图上需注明建筑面积、房间名称;主要房间应有布置示意(图3-38~图3-46)。

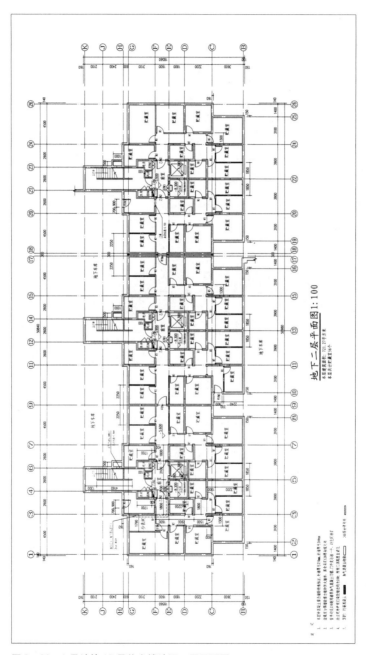

图3-38 1号地块12号住宅楼地下二层平面图

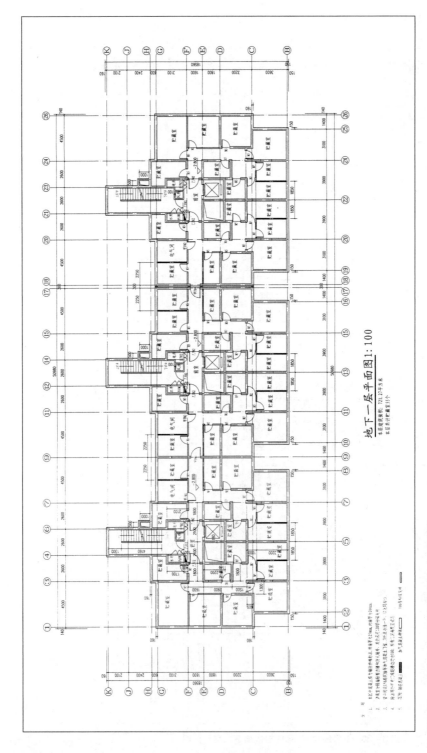

图3-39 1号地块12号住宅楼地下一层平面图

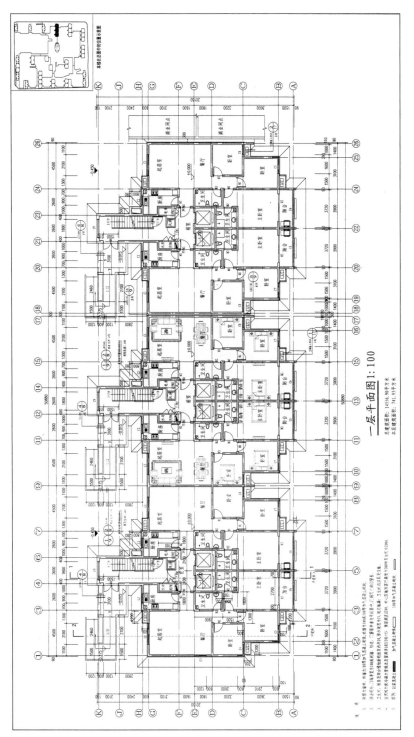

图3-40 1号地块12号住宅楼一层平面图

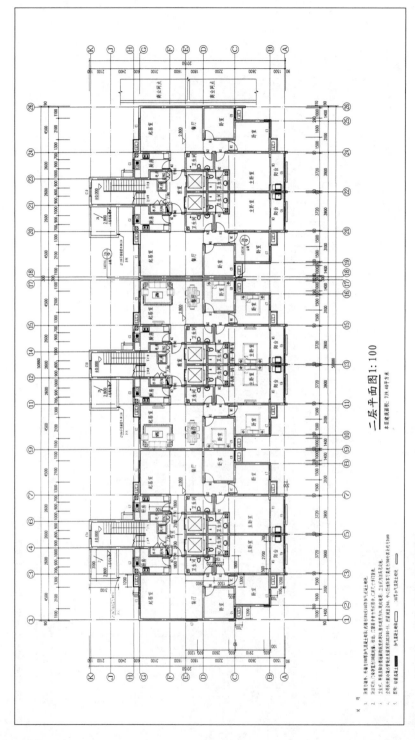

图3-41 1号地块12号住宅楼二层平面图

116 建筑学专业实习手册

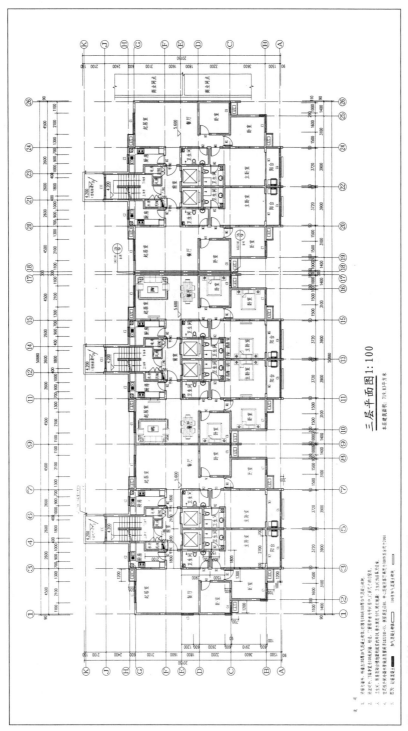

图3-42 1号地块12号住宅楼三层平面图

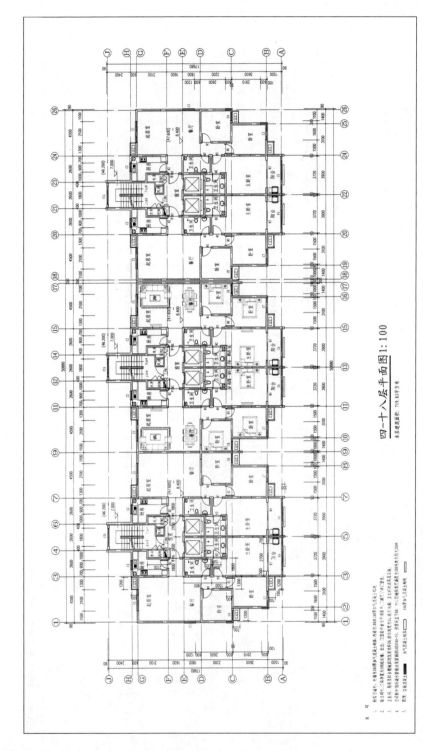

图3-43 1号地块12号住宅楼四至十八层平面图

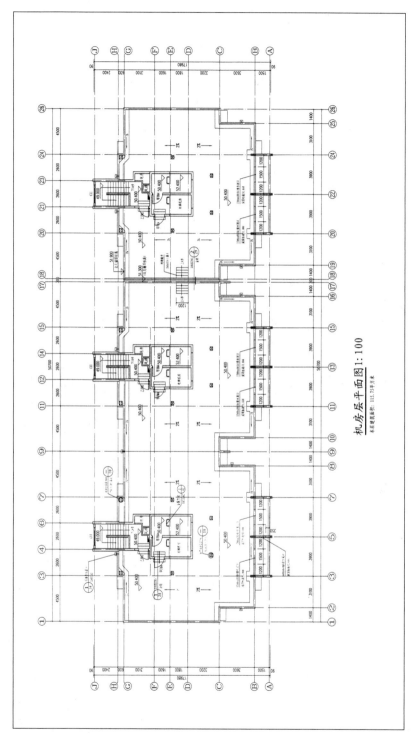

图3-44 1号地块12号住宅楼机房层平面图

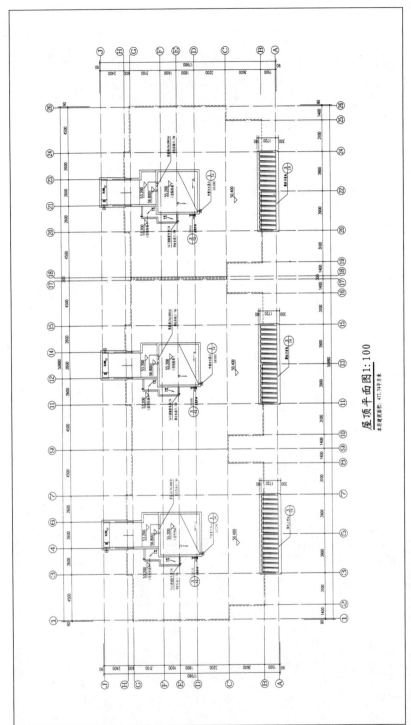

图3-45 1号地块12号住宅楼屋顶平面图

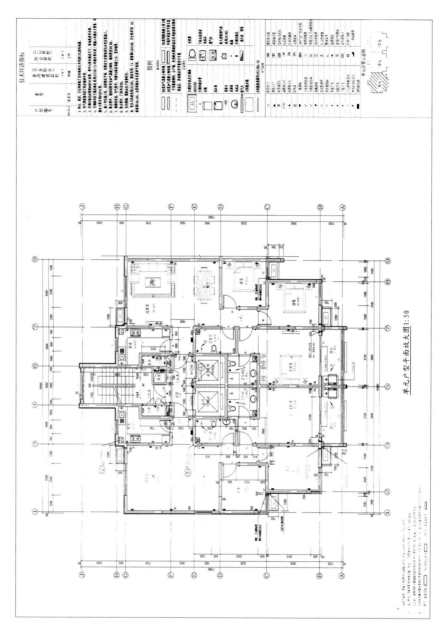

图3-46 1号地块12号住宅楼单元户型平面放大图

平面图首先需要标注主要轴线位置和编号。轴线为定位辅助线，一般为墙、柱的中线。也有些轴线不一定设在墙中。轴线之间标注墙与墙之间的距离尺寸。除总图外的图纸均以mm为尺寸标注单位。

门窗的编号和定位尺寸也须在平面图上标注出来。门窗编号为字母加顺序号，如

第3章 设计工作实例评析 121

M1、M2、FM1、C1、C2、FC1等。平面图中所有门窗编为门窗表。门窗表应说明各种类型的门窗数量、做法、选用标准图号。

平面图上要注明楼梯及台阶、雨棚等主要构件定位尺寸及大样图索引符号。楼梯平面上要标注出楼梯上下方向。

平面图上还需注明剖视的图例和标高。底层应注明±0.000，并加注绝对标高高程，其他各层注明相对标高。底层平面图上绘制指北针。

- 剖面图

剖面图需绘制清楚被剖切的建筑物的断面，未剖切到的地方按投影线绘制（图3-47、图3-48）。

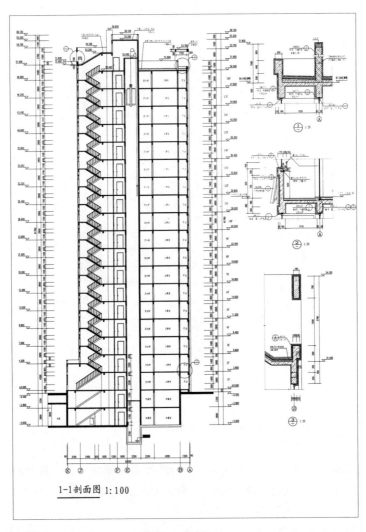

图3-47　1号地块12号住宅楼1-1剖面图

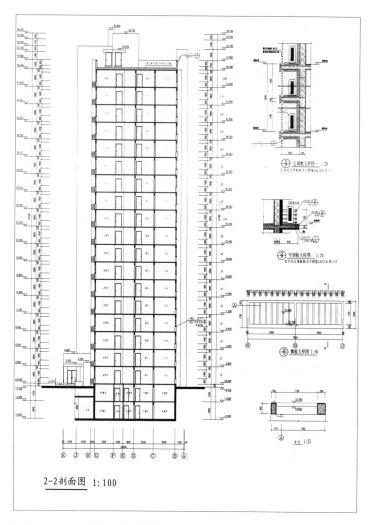

图3-48 1号地块12号住宅楼2-2剖面图

剖面图上应标示剖到的墙身轴线、竖向高度标志线。① 标志线上注明标高,标志线之间应注高尺寸;底层地面线与室外地坪线之间注明室内外高差尺寸。层高线外侧注明从室外地坪线至屋面线的总高度。

同样,剖面图上也有些细部须作大样图放大,须标明大样图索引符号。

■ 立面图

立面图需要绘出门窗的位置、阳台、平台、入口、踏步及雨篷、檐口、腰线等装饰物的形状与位置,并标明建筑饰面的材料及颜色(图3-49)。

---

① 包括室外地坪线、底层地面线、各层楼面线、屋面线、地下层地面线等。

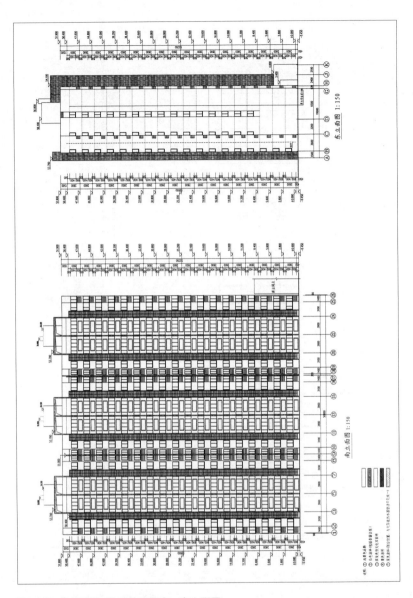

图3-49　1号地块12号住宅楼南、东立面图

立面图应标明两端的墙身轴线，并注明轴线号。室外地坪线以粗线绘在下面全面贯通。竖向标志线在一侧结合尺寸标注清楚。

立面图上的雨篷、檐口、门窗及其他外墙特殊做法等一般都要绘出大样图，须注明大样图索引号。

■ 大样图

建筑专业需要对构造复杂的节点绘制大样以说明详细做法。通过大样图可以配合结构专业，确定合理的构件尺寸和配筋。详细规定建筑细部构造的尺寸和材料（图3-50~图3-52）。

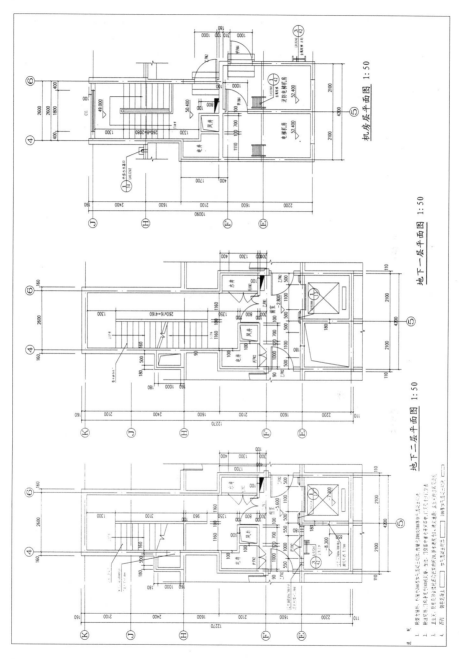

图3-50　1号地块12号住宅楼交通核大样图1

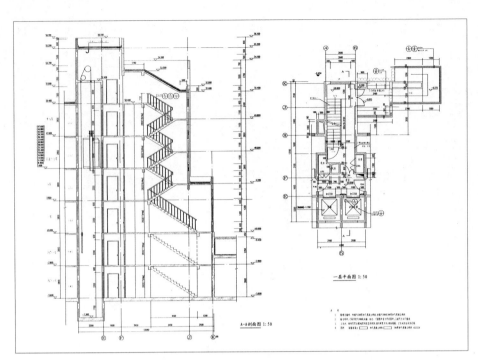

图3-51 1号地块12号住宅楼交通核大样图2

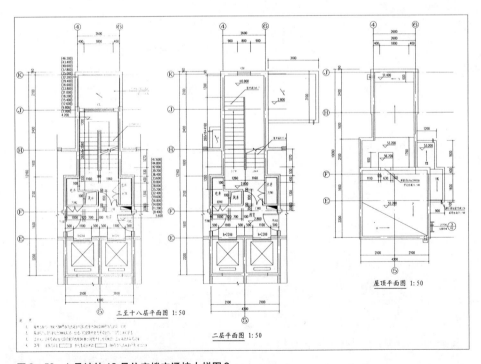

图3-52 1号地块12号住宅楼交通核大样图3

① 墙身大样图。墙身大样主要是通过墙身纵剖表示出各种不同部位的构造，包括挑檐及女儿墙、阳台、窗顶、窗台、地下室等，以及墙身排风扇、窗井等附属构造。

② 门窗大样图。主要是表明外立面门窗的划分尺寸和开启方式，以便进行外墙的门窗、幕墙设计。

③ 外墙构件大样图。控制外墙饰面材料的划分尺寸。其中包括外墙贴面与粉面的尺寸、颜色与划分方式；还包括外墙装饰，如外部线脚、檐口、雨篷、遮阳板、护栏、阳台等构件。外墙上的附属设施，如空调室外机的安装方式等也可以大样图控制。

④ 屋面大样图。包括不同屋面材料的保温、防水、通风做法，也包括屋面附属建筑的构造，包括挑檐、女儿墙及泛水、上人孔、采光口等。

⑤ 地下室防水大样图。按照地区地点地下水位的高低，防水工程有防水混凝土、卷材防水、水泥砂浆防水、涂料防水等不同做法。防水做法中的变形缝做法、管道穿墙做法需要以大样图表示。

⑥ 楼梯大样图。分为楼梯各层平面图及楼梯剖面图，既是建筑设计的关键部位，也是进行结构计算，出结构大样图和计算书的重要依据。

⑦ 厨卫大样图。标示住宅卫生间、厕所盥洗间、沐浴间的平面布置，以及洁具安装的部位及尺寸。在公用的卫生间和沐浴间内，对各种材料的隔断等也要确定分隔尺寸。

厨卫中的各种洗池、地漏、风道等的定位尺寸也需要以平面布置大样图的形式标示清楚。

⑧ 室外工程大样图。主要室外附属工程需要绘制大样图，如散水、坡道、台阶、花池、挡土墙等，应以大样图保证工程的整体效果。

3.4.3 施工图联审及答复

施工图设计文件联合审查是依据法规对涉及公共利益、公众安全和工程建设强制性标准内容进行的审查。内容主要有技术审查和设计资料审查。技术审查包括一般性规范、标准、规程及图纸错漏的审查，以及建筑消防、节能的强制性标准专项审查。[①]

设计资料审查应由业主提供，包括批准立项文件、主要的初步设计文件及批准文件；有关部门的专项审批意见书；工程勘察成果报告（详勘）等批复意见。

变更复审通过后，设计资料和修改后的图纸需要一起归档，电子版备案。

---

① 此处仅以消防审查为例。节能及其他审查内容略。

(1) 消防设计审核意见及回复（表 3-13）

1 号地块住宅建筑消防设计审核意见及回复　　　　　表 3-13

项目	1 号地块（12）号	专业	建筑	日期	2009 年 5 月
建筑消防设计重新申报审核意见： 1. 作为消防车操作面的消防车道净宽不应低于 6m，现消防车道净宽均为 4m。 答复：已在 4 地块总图中做相应修改，建筑物均设环形消防车道，且净宽不低于 6m。 2. 剪刀楼梯间前室与消防电梯前室合用，形成三合一前室，不满足规范要求。 答复：因安置住宅区户型设计确有困难，采用了三合一前室。但同时满足以下条件： (1) 开向合用前室的户门为 2 户，且采用了乙级防火门； (2) 合用前室短边净宽度为 2.4m，其面积大于 12m²； (3) 合用前室直接天然采光和自然通风，剪刀楼梯间分别设加压送风系统； (4) 公共走道、前室设火灾自动报警系统； (5) 窗槛墙高度均大于 1.2m。 3. 单元式二类高层住宅消防专篇中分户门描述不一致，一处说明为乙级防火门，一处说明为甲级防火门，应为甲级防火门。 答复：统一修改为甲级防火门。 4. 1 号、4 号、6 号、8 号、9 号、12 号高层住宅楼其上下层窗槛墙高度不应低于 1.2m。 答复：以上住宅楼内上下层窗槛墙高度均大于 1.2m，前室处窗槛墙高度低于 1.2m 处均设挑出 1m 的防火挑檐。 5. 各商业一层应满足自然排烟要求，现设计为固定窗。 答复：已设计为开启窗，可满足 2% 的可开启面积要求。 6. 服务站部分设备用房设有气体灭火系统，其外窗应为固定防火窗。 答复：已改为固定防火窗。					备注
审核人：		设计总负责人：		设计人：	

(2) 建筑施工图交底及回复（表 3-14）

1 号地块 12 号楼住宅建筑图纸交底记录及回复　　　　表 3-14

工程名称		1 地块 12#楼		时　间	2009 年 3 月
地　点					土建（建筑）
序号	图号	图纸问题		会审（设计交底）意见	
1.	建施 01	管道井、风道井、电缆井内表面抹灰除与户内相邻隔墙外，其他墙体抹灰采用什么砂浆抹灰？		不抹灰	
2.	建施 03	厨房、卫生间的防水层上翻高度？		厨房上翻 300mm，卫生间上翻 1800mm	
3.	建施 03	地下室底板上的防水做法结构上厚度为 60mm，建筑做法上为 70 mm？		以建施为准	
4.	建施 03	卫生间是否吊顶？		不吊顶	
5.	建施 03	建筑做法中外墙镶贴面砖位置不明确？		详立面图，在一层入口处	
6.	建施 03	外墙聚苯板是否加锚钉？		按节能变更做	
7.	建施 03	地下室外墙防水保护层外回填 3:7 灰土的宽度？		底部宽 500mm	
8.	建施 03	建筑做法说明中内墙白色涂料是否为乳胶漆？		是	
9.	建施 03	楼 2 水泥砂浆楼面做法中保温板上是否加设钢筋网？		挤塑保温板取消	
10.		剪力墙、柱边小于 300mm 的砖垛建议改为素混凝土垛与剪力墙、柱一块浇筑，混凝土标号与剪力墙、柱相同？		同意	
施工单位	专职质检员： 项目（专业）技术负责人： 项目负责人： （公章）	建设监理单位	专业技术人员： （监理工程师） 项目负责人： （总监理工程师） （公章）	设计单位	专业设计人员： 项目负责人： （公章）

总之，从方案设计、报规到初步设计、施工图设计，建筑设计的工作程序都是一样的，是经过每一个工作阶段的技术认可和业主确认，从整体到局部，再从局部回到整体，交替反复和深入的过程（图 3-53）。

建筑专业是整个过程中最具全局控制性的专业，需要详尽研究城市、空间、构件、设备、成本等问题，进行各专业设计的总控制。在整个过程中协助业主决定设计措施、建筑材料、设备选择，以最佳施工方案把设计落实到每一技术细节中。

由一名实习生成为一名真正的建筑师，必须从具体的工作做起。建筑设计不是梦想，市场也并不等于商业。每一个项目的实施都是梦想、技术与市场的结合。当工作由概念化逐步具有可实施性，一件事物从无形而初具规模，到最终实现项目构想，建筑师的辛勤工作必将得到社会的广泛认可。

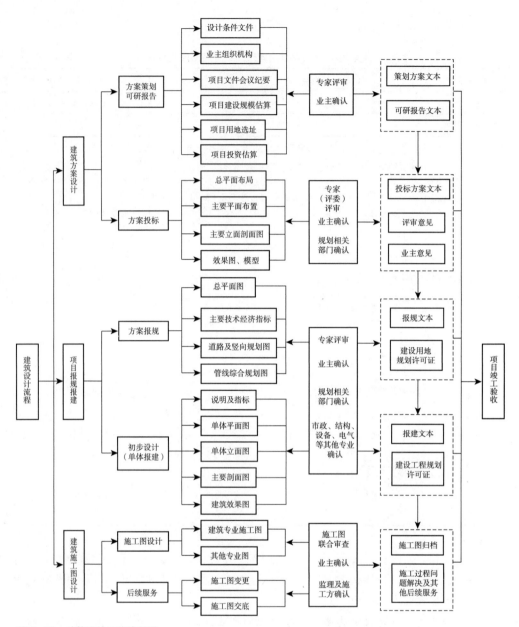

图 3-53 建筑设计工作流程图

第4章
常用法规、标准与标准设计

目前，在建筑学本科教学内容中，尽管也开设了有关建筑法规及建筑标准等方面的课程，但在校学生往往由于更关注于建筑方案的构思设计而不太重视这部分内容的学习和要求，从而在建筑设计单位实习期间，对于以建筑法规、标准为基准的设计审核要求较难适应。本章将就此对建筑设计相关建设法规、标准、标准设计和相关技术资料等在设计工作中的意义和运用作必要的介绍，并列出常用建设法规、现行标准、规范及标准图集目录以方便查找。

4.1 建设法规

4.1.1 建设法规简介

（1）建设法规的定义

建设法规是指国家权力机关或其授权的行政机关制定的，旨在调整国家及其有关机构、企事业单位、社会团体、公民之间在建筑活动中或建筑行政管理活动中发生的各种社会关系的法律、法规的统称。

其中，"建筑活动"是指土木工程、建筑工程、线路管道和设备安装工程的新建、扩建、改建活动及建筑装修装饰活动。从广义上讲，建筑活动横向覆盖"三建三业"，即城市建设、村镇建设、工程建设和建筑业、房地产业、市政公共事业；纵向包括建设项目立项、资金筹措、勘察、设计、施工以及建设项目投入使用、保修和固定资产投资后评价等建设的全过程。

"建筑行政管理活动"是指国家及其建设行政主管部门基于建筑活动事关社会经济发展、文明进步和人的生命财产安全而行使的在各级建筑行政管理部门之间、各类建筑活动主体及中介服务机构之间的一系列管理职能活动。其活动内容既表现为规划、指导、协调与服务，又表现为检查、监督、调节与控制。

（2）建设法规体系

建设法规是国家法律体系的重要组成部分（图4-1）。它既与国家的宪法和相关法律保持一致，又相对独立，自成体系。在建设法规体系中，以若干建设专项法律作为建设法规体系的最上层，再配置相应的建设行政法规、部门规章及地方性建设法规和地方建设规章作补充，形成纵向相互衔接，横向配套协调的梯形结构，从而使覆盖各行业、各领域及工程建设全过程的建筑活动的各个方面都有法可依。

（3）建设法规的法律效力

1）建设法律：是指行使国家立法权的最高权力机关，即全国人民代表大会及其常务委员会审议通过，由国家主席签署主席令予以公布的建设专项法律，如《中华人民共和国建筑法》、《中华人民共和国城乡规划法》、《中华人

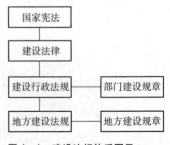

图4-1 建设法规体系图示

民共和国城市房地产管理法》等。其法律地位和效力仅次于宪法，高于行政法规、地方法规、各级规章，并在全国范围内有效。

2）建设行政法规：是指作为最高国家行政机关国务院根据宪法和法律组织制定，由国务院总理签署国务院令予以颁布实施的建设专项规定、条例，如《中华人民共和国注册建筑师条例》、《建设工程勘察设计管理条例》、《历史文化名城名镇名村保护条例》等。行政法规的法律地位和效力仅次于宪法和法律，高于地方法规、各级规章，并在全国范围内有效。

3）部门建设规章：是指国务院各部、各委员会根据法律和国务院的行政法规、决定、命令，在本部门权限范围内制定，由部门首长签署命令予以颁布实施的建设专项规范性文件，如住房和城乡建设部制定发布的《中华人民共和国注册建筑师条例实施细则》、《建设工程勘察设计资质管理规定》、《建设工程勘察质量管理办法》等。部门规章的法律地位和效力比行政法规低，在全国的本部门权限范围内有效。

4）地方建设法规：指省、自治区、直辖市、政府所在地市和经国务院批准的较大市的人民代表大会及其常务委员会根据本行政区的具体情况和实际需要，在不与宪法、法律、行政法规相抵触的前提下，制定颁布的仅适用于本行政区的建设专项规范性文件，如《北京市无障碍设施建设和管理条例》等。地方建设法规的法律效力高于本级和下级地方政府规章，只在本行政区内有效。

5）地方建设规章：指省、自治区、直辖市、政府所在地市和经国务院批准的较大市的人民政府部门，根据宪法、法律、行政法规和本行政区地方法规制定的建设专项规范性文件，如《北京市建设工程招标投标监督管理规定》等。地方建设规章只在本行政区权限范围内有效。

（4）建设法规的作用

建设法规的作用，一方面体现为通过对从事建设活动的行为主体明确规定"可以为"、"不得为"和"必须为"的法律界限，来规范和指导人们的建设行为。另一方面，体现为对凡是符合法律法规的建设行为给予确认和保护。当然，对违法的建设行为也明确了相应的处罚规定。

作为建筑专业实习生，首先应明确建设法规是从事建设活动的法律依据，是规范行业活动的保障，在执业的各阶段工作中必须遵守相关建设法规。为此，应重视并了解建设法规的相关内容，尤其是与建筑设计工作相关的常用建设法规。通常，法律条文和行政条例制定得较为原则，而各级政府主管部门根据法律和行政条例等规定制定的实施细则更具有针对性和可操作性。

了解相关建设法规可登录中华人民共和国住房和城乡建设部网站（http：//www.mohurd.gov.cn/），通过"政策法规"栏目页面和检索方式了解相关政策法规信息，通过"废止的法规文件"栏目及时得到更新（图4-2）。此外，也可查阅相关建设法规文献、报刊和书籍。地方法规及地方规章可直接登录地方政府建设网站，也可通过中华

图4-2 中华人民共和国住房和城乡建设部网页——政策法规

人民共和国住房和城乡建设部网站所链接的"地方政府建设网站"来了解相关地方建设法规信息。

4.1.2 常用建设法规

（1）法律

《中华人民共和国建筑法》；

《中华人民共和国城乡规划法》；

《中华人民共和国招标投标法》；

《中华人民共和国合同法》；

《中华人民共和国测绘法》；

《中华人民共和国标准化法》；

《中华人民共和国环境影响评价法》；

《中华人民共和国城市房地产管理法》。

（2）行政法规

《中华人民共和国注册建筑师条例》；

《建筑工程勘察设计管理条例》；

《建设工程勘察设计合同条例》；

《建设工程质量管理条例》；
《民用建筑节能条例》；
《历史文化名城名镇名村保护条例》；
《中华人民共和国标准化法实施条例》；
《中华人民共和国测量标志保护条例》。

（3）部门规章

《中华人民共和国注册建筑师条例实施细则》；
《建设工程勘察质量管理办法》（2007）；
《建设工程勘察设计资质管理规定》；
《城市紫线管理办法》；
《城市黄线管理办法》；
《城市蓝线管理办法》；
《城市绿线管理办法》；
《建筑工程设计招标投标管理办法》；
《工程建设国家标准管理办法》；
《建设工程勘察设计资质管理规定》；
《房屋建筑和市政基础设施工程施工图设计文件审查管理办法》；
《建筑工程设计资质分级标准》；
《高等学校建筑类专业教育评估暂行规定》。

4.2 工程建设标准

4.2.1 工程建设标准简介

（1）工程建设标准的定义

据《标准化和有关领域的通用术语》（1996年）对标准概念的定义，所谓"标准"，即"为在一定的范围内获得最佳秩序，对活动或其结果规定共同的和重复使用的规则、导则或特性的文件，该文件经协商一致制定并经一个公认机构批准，以科学、技术和实践经验的综合成果为基础，以促进最佳社会效益为目的"。因此，工程建设标准就是指在工程建设领域内，对建设活动中各类工程的勘察、规划、设计、施工、安装、验收等需要协调统一的事项所制定的标准。

（2）工程建设标准的表达形式

我国工程建设标准一般根据其特点和性质又分为三种表达形式，即：标准、规范和规程。其中，当针对产品、方法、符号、概念等基础标准时，一般采用"标准"，如：《房屋建筑制图统一标准》GB/T 50001—2001、《住宅性能评定技术标准》GB/T 50362—2005；当针对工程勘察、规划、设计、施工等通用的技术事项作出规定时，一般采用"规范",如:《建设设计防火规范》GB 50016—2006、《住宅设计规范》GB 50096—1999(2003年版);当针对操作、工艺、管理等专用技术要求时,一般采用"规程",如:《外墙外保温工程技术规程》JGJ 144—2004、《体育馆声学设计及测量规程》JGJ/T 131—2000。

(3) 工程建设标准的法律属性

根据《工程建设标准编写规定》,我国工程建设标准分为具有法律属性的"强制性标准"和非强制性的"推荐性标准"两类。

1) 强制性标准:是指直接涉及人民生命财产安全、人身健康、环境保护、能源资源节约和其他公共利益等内容的标准和法律、行政法规规定强制执行的标准,均属于强制性标准。该类标准自发布起必须强制执行。对违反强制性标准者,国家将依法追究当事人法律责任。

工程建筑设计强制性标准的实施监督一般通过设计审批、施工图审查及竣工验收等环节确保贯彻执行。

2) 推荐性标准:是指国家鼓励自愿采用的具有指导作用而又不宜强制执行的标准。这类标准,不具有强制性,允许使用者结合实际情况灵活选用。

(4) 工程建设标准的分级及其规定

根据我国发布的标准化法律和行政法规,工程建设标准分为国家标准、行业标准、地方标准和企业标准四级。

1) 国家标准:是指对国民经济发展有重大意义,需要在全国范围内统一或国家需要控制的标准。

按照《工程建设国家标准管理办法》的规定,国家标准对工程建设技术要求主要包括以下六个方面:

① 工程建设勘察、规划、设计、施工(包括安装)及验收等通用的质量要求;
② 工程建设通用的术语、符号、代号、量与单位、建筑模数和制图方法;
③ 工程建设通用的实验、检验和评定等方法;
④ 工程建设通用的有关安全、卫生和环境保护的技术要求;
⑤ 工程建设通用的信息技术要求;
⑥ 国家需要控制的其他工程建设通用的技术要求。

其中,所谓"通用",是指在全国范围内适用,不受行业限制。国家标准是四级标准体系中的主体,并且,其他各级标准不得与之相抵触。

国家标准由国家标准化和工程建设标准化主管部门联合发布,全国范围内实施。

1991年以后,强制性标准代号采用GB,推荐性标准代号采用GB/T;发布顺序号大于50000者为工程建设标准,小于50000者为工业产品等标准,例如GB 50011—2001、GB/T 50344—2004。而1991年以前的工程建设国家标准代号采用GBJ。

国家标准的编号由国家标准代号、发布标准的顺序号和发布标准的年号组成,并应当符合下列统一格式：

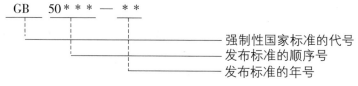

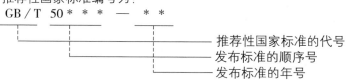

2）行业标准：是指对没有国家标准，而又需要在全国某个行业①范围内统一的技术要求所制定的标准。

按照《工程建设行业标准管理办法》工程建设行业标准的范围主要包括以下六个方面：

① 工程建设勘察、规划、设计、施工（包括安装）及验收等行业专用的质量要求；
② 工程建设行业专用的有关安全、卫生和环境保护的技术要求；
③ 工程建设行业专用的术语、符号、代号、量与单位、建筑模数和制图方法；
④ 工程建设行业专用的试验、检验和评定等方法；
⑤ 工程建设行业专用的信息技术要求；
⑥ 工程建设行业需要控制的其他技术要求。

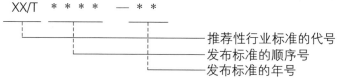

行业标准是对国家标准的补充，是专业性、技术性较强的标准。行业标准的制定不得与国家标准相抵触，国家标准公布实施后，相应的行业标准即行废止。

---

① 行业：指涉及工程建设的各个领域，包括房屋建筑、城镇建设、城乡规划、公路、铁路、水运、航空、水利、电力、电子、通信、煤炭、石油、石化、冶金、有色、机械、纺织等。

行业标准由国家行业标准化主管部门发布，在全国某一行业内实施，同时报国家标准化主管部门备案。行业标准的代号随行业的不同而不同。"建筑工程"行业标准，代号按强制性和推荐性分为 JGJ 和 JGJ/T，例如 JGJ 25—2000 档案馆建筑设计规范，JGJ/T 29—2003 建筑涂饰工程施工及验收规范。"交通工程"行业标准代号为 JTJ（JTJ/T），例如 JTJ 011—94 公路路线设计规范，JTJ/T 066—98 公路环境保护设计规范。

3）地方标准：是指对没有国家标准和行业标准而又需要在省、自治区、直辖市范围内统一工业产品的安全、卫生要求所制定的标准，地方标准在本行政区域内适用，不得与国家标准和行业标准相抵触。国家标准、行业标准公布实施后，相应的地方标准即行废止。

地方标准由地方（省、自治区，直辖市）标准化主管部门发布，在某一地区内实施，同时报国家和行业标准化主管部门备案。地方标准的代号随发布标准的省、市、自治区而不相同。强制性标准代号采用"DB＋地区行政区划代码的前两位数"，推荐性标准代号在斜线后加字母 T；属于工程建设标准的，不少地区在 DB 后另加字母 J，例如河南省 DBJ41/T046—2002；北京市 DBJ 01—602—2004。

4）企业标准：是指企业所制定的产品标准和在企业内需要协调、统一的技术要求和管理工作要求所制定的标准，也是企业提高应变能力，更好地满足社会需求而组织生产和经营活动的依据。企业标准由企业单位制定，并在本企业内实施。企业产品标准要求报当地标准化主管部门备案。企业标准代号为 QI。

（5）工程建设标准的主要作用

工程建设标准是在工程建设领域内对各类建设工程勘察、规划、设计、施工、安装、验收以及使用管理、维护加固、拆除等活动的技术要求、措施及规定，它以科学、技术和实践经验的综合成果为基础，包括工程建设国家标准、行业标准、地方标准在内，均经有关专家、学者和工程技术人员综合评价、科学论证而统一制定。因此，其主要作用表现为以下方面：

1）工程建设标准是工程建设科学管理的基础，是贯彻落实国家经济政策、实现能源合理利用、规范建筑市场秩序的重要手段。

2）工程建设标准通过引导和强制性的约束，不仅有利于提高建设工程质量，也是对人民的身体健康和生命财产安全的重要保障。

3）工程建设标准作为新技术和新科研成果推广应用的媒介，对促进技术进步具有重要的推动作用。

4）工程建设标准在技术上的高度统一与协调，为提高建设工程的社会效益和经济效益，以及组织现代化生产建设创造了前提条件。

5）工程建设国家标准是开展工程建设领域国际交流与服务贸易的重要依据和准则。

4.2.2 标准规范（规程）应用要点

1）注意版本的有效性，必须选用现行标准、规范。由于建筑标准、规范（程）是在不断完善中发展的，并由相关主管部门进行版本的管理，因此在应用时，应注意版本的有效性，选用现行的标准、规范（程）。一般可通过住房和城乡建设部标准定额司及标准定额研究所主办的网站（http://www.ccsn.gov.cn/）来了解相关的现行标准（图 4-3）。

图 4-3　国家工程建设标准化信息网页

2）明确适用范围和技术原则。在标准、规范（程）目录中，"总则"列出了相应的适用范围和技术原则，使用前应认真阅读。

在标准、规范（程）编写的过程中，对应每一标准往往都有相应的条文说明，有的版本是两者的合订本，可以对照来看，以帮助理解。另外，有关"图解规范"类的工具书也可帮助更好地解读标准、规范。

3）注意区分现行规范、标准条文中的措辞。我国现行标准、规范（程）的条文按其要求严格程度不同用词分为三级。表示很严格，非这样做不可或绝对不可做的词："必须"、"严禁"；表示严格，正常情况下均应或不应这样做的词："应"、"不应"或

"不得"；表示允许稍有选择的词："宜"、"不宜"、"可"。在应用时须注意区分。

4）对标准，规范（程）的条文不理解或有异议时，可咨询有经验的建筑师及总工，也可通过主编单位的网上咨询平台获得解释。

4.2.3 常用现行建筑标准、规范及规程（表4-1）

常用标准、规范（程）一览表　　　　　　　　　表4-1

标准，规范编号	标准、规范、规程名称
GB/T 50001—2001	房屋建筑制图统一标准
GB/J 2—86	建筑模数协调统一标准
GB/T 50103—2001	总图制图标准
GB/TS 0104—2001	建筑制图标准
CJJ/T 97—2003	城市规划制图标准
GB/T 50504—2009	民用建筑设计术语标准
GB/T 50100—2001	住宅建筑模数协调标准
GBJ 137—90	城市用地分类与规划建用地标准
GB 50357—2005	历史文化名城保护规划规范
GB 50180—93（2002年版）	城市居住区规划设计规范
GB 50187—93	工业企业总平面设计规范
GB 50220—95	城市道路交通规划设计规范
CJJ 83—99	城市用地竖向规划规范
GB 50420—2007	城市绿地设计规范
CJJ/T 85—2002	城市绿地分类标准
GB 50442—2008	城市公共设施规划规范
CJJ 15—87	城市公共交通站、场、厂设计规范
CJJ 69—95	城市人行天桥与人行地道技术规范
CJJ 75—97	城市道路绿化规划与设计规范
CJJ 37—90	城市道路设计规范
JGJ 50—2001	城市道路和建筑物无障碍设计规范
CJJ 15—87	城市公共交通站、场、厂设计规范
GB 50298—1999	风景名胜区规划规范
CJJ 69—95	风景园林图例图示标准

续表

标准，规范编号	标准、规范、规程名称
CJJ 48—92	公园设计规范
GB 50311—2007	综合布线系统工程设计规范
GB 50016—2006	建筑设计防火规范
GB 50045—95（2005 年版）	高层民用建筑设计防火规范
GBJ 39—90	村镇建筑设计防火规范
GB 50067—97	汽车库、修车库、停车场设计防火规范
GB 50098—2009	人民防空工程设计防火规范
GB 50284—2008	飞机库设计防火规范
GB 50222—95（2001 年版）	建筑内部装修设计防火规范
GB 50038—2005	人民防空地下室设计规范
GB 50225—2005	人民防空工程设计规范
GB 50235—2001（2006 年版）	民用建筑工程室内环境污染控制规范
GB 50223—2008	建筑工程抗震设防分类标准
GB 50189—2005	公共建筑节能设计标准
GB/T 50378—2006	绿色建筑评价标准
JGJ 26—2010	严寒和寒冷地区居住建筑节能设计标准
JGJ 134—2010	夏热冬冷地区居住建筑节能设计标准
JGJ 75—2003	夏热冬暖地区居住建筑节能设计标准
GB 50121—2005	民用建筑隔声评价标准
GBJ 118—88	民用建筑隔声设计规范
GB 50178—93	建筑气候区划标准
GB/T 50033—2001	建筑采光设计标准
GB 50176—93	民用建筑热工设计规范
GB 50352—2005	民用建筑设计通则
GB/T 50353—2005	建筑工程建筑面积计算规范
GB/T 50362—2005	住宅性能评定技术标准
GB 50096—1999	住宅设计规范（2003 年版）
GB 50368—2005	住宅建筑规范
GB/T 50340—2003	老年人居住建筑设计标准

续表

标准，规范编号	标准、规范、规程名称
GB 50437—2007	城镇老年人设施规划规范
JGJ 122—99	老年人建筑设计规范
GB 50226—2007	铁路旅客车站建筑设计规范
GB 50091—2006	铁路车站及枢纽设计规范
GBJ 99—86	中小学建筑设计规范
JGJ 76—2003	特殊教育学校建筑设计规范
GB/T 50314—2006	智能建筑设计标准
JGJ 91—93	科学实验室建筑设计规范
JGJ 25—2000	档案馆建筑设计规范
JGJ 36—2005	宿舍建筑设计规范
JGJ 31—2003	体育建筑设计规范
JGJ 58—99	图书馆建筑设计规范
JGJ 59—87	托儿所、幼儿园建筑设计规范
JGJ 40—87	疗养院建筑设计规范
JGJ 41—87	文化馆建筑设计规范
JGJ 156—2008	镇（乡）村文化中心建筑设计规范
JGJ 48—88	商店建筑设计规范
JGJ 49—88	综合医院建筑设计规范
JGJ 57—2000	剧场建筑设计规范
GB/T 50356—2005	剧场、电影院和多用途厅堂建筑声学设计规范
JGJ 58—2008	电影院建筑设计规范
JGJ 60—99	汽车客运站建筑设计规范
JGJ 62—90	旅馆建筑设计规范
JGJ 64—89	饮食建筑设计规范
JGJ 66—91	博物馆建筑设计规范
JGJ 67—2005	办公建筑设计规范

续表

标准，规范编号	标准、规范、规程名称
JGJ 86—92	港口客运站建筑设计规范
JGJ 100—98	汽车库建筑设计规范
JGJ 124—99	殡仪馆建筑设计规范
CJJ 14—2005	城市公共厕所设计标准
CJJ 47—2006	生活垃圾转运站技术规范
GB 50057—96	建筑地面设计规范
GBS 0108—2008	地下工程防水技术规范
GBJ 112—87	膨胀土地区建筑技术规范
GB 50545—2004	屋面工程技术规范
JGJ 103—2008	塑料门窗工程技术规程
JGJ 102—2003	玻璃幕墙工程技术规范
JGJ 144—2004	外墙外保温工程技术规程
JGJ/T 151—2008	建筑门窗玻璃幕墙热工计算规程
JGJ 155—2007	种植屋面工程技术规程
JGJ 133—2001	金属与石材幕墙工程技术规范

4.3 标准设计

4.3.1 标准设计简介

（1）标准设计

"标准设计"是"工程建设标准设计"的简称，是指国家和行业、地方对有关工程建设构配件与制品、建筑物、构筑物、工程设施和装置等编制的通用设计文件。

按原建设部【1999】4号文颁布的《工程建设标准设计管理规定》，标准设计分为国家标准设计和行业、地方标准设计两级（表4-2）。

标准设计的分级和应用范围　　　　　　　　　　表4-2

	标准设计分级	主管部门	使用范围
1	国家建筑标准设计	国务院建设行政主管部门	全国范围内跨行业使用
2	行业标准设计	国务院非建设行业行政主管部门	行业内使用
	地方标准设计	省、自治区、直辖市建设行政主管部门	地区内使用

1）国家建筑标准设计：是指跨行业、跨地区在全国范围内使用的标准设计。由国务院建设行政主管部门，即中华人民共和国住房和城乡建设部负责监督管理，并委托中国建筑标准设计研究院负责组织编制和出版发行。由于是以设计图集的形式编制发行，通常称为国家建筑标准设计图集。

2）行业、地方标准设计：是分别指由国务院其他有关行业行政主管部门或由地方省、自治区、直辖市建设行政主管部门负责监督管理，在本行业或本地区内统一制定，并使用的标准设计。

按《工程建设标准设计管理规定》，各级标准设计的编制要求整体协调，行业和地方标准设计不宜与国家标准设计重复或抵触；地方标准设计也不宜与行业标准设计重复或抵触；在执行工程建设有关标准前提下，不同系列标准设计之间可实现灵活组合，以提高标准设计的通用性。

(2) 国家建筑标准设计图集

国家建筑标准设计图集现有包括建筑、结构、给水排水、暖通空调、电气、动力、弱电、人防及市政工程等九个专业，约合300余项400多册图集。其中，有关建筑专业的国家标准设计简称为建筑专业图集。

1）应用范围：建筑专业国家建筑标准设计图集适用于民用建筑与一般工业建筑的新建、改建和扩建工程。

2）编制分类：从国家标准设计网站上可了解到，建筑专业国家建筑标准设计图集按不同内容性质分为四类。

第一类，主要是以适用于民用与工业建筑常用的通用建筑构造做法图集，如：《工程做法》、《平屋面建筑构造》、《外装修（一）》、《内装修》、《建筑无障碍设计》、《窗井、设备吊装口、排水沟、集水坑》、《地沟及盖板》、《钢梯》、楼梯栏杆栏板》等。

第二类，是配合国家建筑行业新政策、新材料、新工艺而编制的图集，如：《墙体节能建筑构造》、《屋面节能建筑构造》、《节能门窗》、《建筑外遮阳》、《公共建筑节能构造》、《既有建筑节能改造》、《太阳能热水器选用安装》、《压型钢板、夹心板屋面与墙体建筑构造》等。

第三类，是根据不同建筑类型而编制的标准图集，如：《住宅建筑构造》、《钢结构住宅》、《汽车库建筑构造》、《体育场地与设施》、《医疗建筑》、《地方传统建筑》等。

第四类，是设计指导类图集和规范图示类图集，如：《民用建筑工程建筑施工图设计深度图样》、《建筑防火设计规范图示》、《高层民用建筑设计防火规范图示》、《建筑幕墙》、《双层幕墙》、《玻璃采光顶》等。这类图集虽然不能直接在工程设计中引用，但对工程技术工作具有重要的指导作用。

现行建筑专业国家建筑标准设计图集接近200项，按使用方式分为标准图、试用图和参考图；按技术类别又分为十类，其技术类别详见列表4-3。

建筑专业标准图集的技术分类   表4-3

类别号	名　称	类别号	名　称
0	总图与室外工程	6	门窗及天窗
1	墙体	8	设计图示
2	屋面	9	综合项目
3	楼地面		
4	梯		参考图
5	装修		标准设计蓝图

3）图集编号：建筑专业国家建筑标准设计图集分别按专业代码、使用方式、技术类别、批准年份，以及发行顺序等统一编号，另外，单行本和合订本的编号也略有不同，如单行本编号格式为××J×××、××SJ×××、××CJ×××，合订本编号格式为J×××—×~×（××××年合订本）。其中，J为建筑专业代码，S、C分别表示试用图、参考图，标准图无字母代号。

例如：单行本建筑专业图集：05SJ917—1《小城镇住宅通用（示范）设计——北京地区》

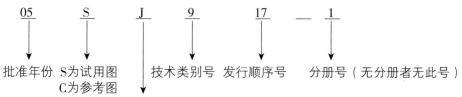

例如：合订本建筑专业图集：J502—1~3（2003年合订本）《内装修》

4）图集发行：有关现行国家标准设计图集的发行情况可以通过以下渠道了解相关信息：

① 登录国家住房和城乡建设部网站（http://www.mohurd.gov.cn/），可通过有关标准设计的文件发布来了解即将发行的国标图集。

② 登录国家建筑标准设计网站（http://www.chinabuilding.com.cn）。该网站由中国建筑标准设计研究院主办，是有关国家建筑标准设计的大型综合性网站（图4-4、图4-5）。通过其下设的相关栏目可以很方便地了解到有关现行国家标准图集的全部信息，

图 4-4　国家建筑标准设计网站首页

图 4-5　国家建筑标准设计网—图集信息页

包括全套的现行国家建筑标准设计图集目录、内容简介、废止图集目录、全国各地国标图集的发行网点,以及相关技术资料、产品信息和交流咨询频道等。

③ 到当地的国标图集发行网点以及建筑科技类书店也能了解现行国家标准设计图集的发行情况,并能及时购得。各地国标图集的发行网点可通过国家建筑标准设计网站查到。

另外,有关地方、行业标准设计信息可以尝试通过以下途径了解:通过国家建筑标准设计网站下设的工程建设标准设计通信栏目、地方建设网站、地方标准设计办公室网站查询,也可直接到当地标准设计发行网点及各地建筑科技类书店去了解和购得。

(3) 标准设计的作用

第一,标准设计是由较高技术资质的设计单位编制,经有关专业技术委员会审查,并按审批权限报主管部门批准颁发的,从标准设计的立项编制到批准发行具有科学的组织管理和质量保证体系,因此,标准设计具有较高的权威性,对工程技术工作有重要的指导作用。恰当地选用标准设计,有利于保证工程质量。

第二,在工程技术工作中包含大量的、重复性的用于施工或加工制作的设计详图文件,建筑标准设计图集的编制为设计人员提供了可直接按相应图集编号选用的标准化设计详图,从而简化了设计人员的重复劳动,有利于提高设计和工程建设效率。

第三,标准设计的编制总是随着新技术、新产品及国家产业政策的发展而适时更新的,并成为新技术和新产品成熟的一项标志。因此,建筑标准设计对于促进科研成果的转化,新产品的推广应用和推动工程建设的产业化等方面起到了重要的作用。结合工程实际积极采用现行标准设计,也有利于提高工程技术的先进性,进而实现降低工程造价,提高资源利用的目标。

第四,标准设计是工程建设标准化的重要组成部分,一般是对现行有关规范、规程和标准的细化、具体化和图示化,为设计等技术人员正确理解和应用现行规范和标准提供了重要的指导,对于工程建设标准化的贯彻实施起到了积极的促进作用。

4.3.2 建筑专业标准图集的选用要点

(1) 注意标准图集的时效性

标准图集总是随着技术和产业化发展及市场需求不断更新修编的,因此,应及时到相关网站了解发行信息,选用现行的有效版本,淘汰并停止采用废止图集。

(2) 注意标准图集的编制说明

在标准图集的编写说明中,一般包括该图集的编写依据、适用范围、设定条件、内容概要及选用方式等,均关系到如何正确地使用图集。在充分了解上述内容之后,才有助于适当地选用标准图集、获得技术指导。特别是,由于标准图集的修编总是滞后于现行规范(程)和标准,选用时必须核实其依据规范(程)和标准的有效性。当实际工程不符合标准图集的适用范围和设定条件时,可参照标准图集作相应的修改,对于完全不符合的，需自行设计。

(3) 注意标准设计的适当采用

由于标准图集的通用性一般都有多种标准设计可供选择，在选用时应根据实际工程的具体要求、各相关专业的技术要求以及经济造价等因素进行权衡，作出最佳选择，并按照标准图集的使用方式明确标明。鉴于实习学生工作经验的不足，应多向有经验的建筑师请教，从而更好地完成实习任务。

另外，由于地域的差异，地方建筑标准图集往往从就地取材，地方技术的成熟性、经济性，以及地域的特殊性等因素出发，并结合当地标准与法规来编制，因此，对于当地的建筑工程可优先考虑采用地方建筑标准图集。

4.3.3 建筑专业国家标准图集目录

从国家建筑标准设计网站（http://www.chinabuilding.com.cn）可了解有关新的标准设计图集的发行情况。建筑专业国家标准设计图集简明目录详见表4-4。

建筑专业国家标准设计图集目录　　　　　　表4-4

类别	序号	图集号	图集名称
总图及室外工程	1	93J007-1~8	道路
	2	02J003	室外工程
	3	03J012-1	环境景观——室外工程细部构造
	4	03J012-2	环境景观——绿化种植设计
	5	04J012-3	环境景观——亭、廊、架之一
	6	04J008	挡土墙——重力式、衡重式、悬臂式
	7	03J001	围墙大门
	8	J007-1~2	道路（1993年合订本）
	9	J007-3~4	道路（1993年合订本）
	10	J007-5~8	道路（1993年合订本）
墙体	1	08SJ110-2、08SG333	预制混凝土外墙挂板
	2	07J107	夹心保温墙建筑构造
	3	99J121-2	外墙外保温建筑构造（二）
	4	99（03）J121-2	外墙外保温建筑构造（二）（2003年局部修改版）
	5	03J114-1	轻集料空心砌块内隔墙
	6	03J113	轻质条板内隔墙
	7	03J112	中空内模金属网水泥内隔墙

续表

类别	序号	图集号	图集名称
墙体	8	03J111-2	预制轻钢龙骨内隔墙
	9	03J111-1	轻钢龙骨内隔墙
	10	03J103-7	石材（框架）幕墙
	11	03J103-6	蜂窝结构（框架）、单元幕墙
	12	03J103-5	铝塑复合板（框架）幕墙
	13	03J103-4	铝合金单板（框架）幕墙
	14	03J103-3	全玻璃幕墙
	15	03J103-2	点支玻璃幕墙
	16	06J123	墙体节能建筑构造
	17	J111~114	内隔墙建筑构造（2003年合订本）
	18	06J106	挡雨板及栈台雨篷
	19	J103-2~7	建筑幕墙（2003年合订本）
	20	99J121-2、99(03)J121-2	外墙外保温建筑构造（二）（含2003年局部修改版）
	21	97J103-1	铝合金玻璃幕墙
	22	07J103-8	双层幕墙
	23	06J121-3	外墙外保温建筑构造（三）
	24	05J102-1	混凝土小型空心砌块墙体建筑构造
	25	04J114-2	石膏砌块内隔墙
	26	04J101	砖墙建筑构造（烧结多孔与普通砖、蒸压砖）
	27	03J122	外墙内保温建筑构造
	28	03J104	蒸压加气混凝土砌块建筑构造
	29	02J121-1	外墙外保温建筑构造（一）
	30	02J102-2	框架结构填充小型空心砌块墙体建筑构造
	31	01ZJ110-1	瓷面纤维增强水泥墙板建筑构造
屋面	1	07J205	玻璃采光顶
	2	00(03)J202-1	坡屋面建筑构造（一）（2003年局部修改版）
	3	00J202-1	坡屋面建筑构造（一）
	4	99J201-1、99(03)J201-1	平屋面建筑构造（一）（含2003年局部修改版）
	5	06J204	屋面节能建筑构造

续表

类别	序号	图集号	图集名称
屋面	6	03J203	平屋面改坡屋面建筑构造
	7	03J201-2	平屋面建筑构造（二）（刚性防水屋面、种植屋面、蓄水屋面）
	8	01J202-2	坡屋面建筑构造（有檩体系）
	9	00J202-1、00（03）J202-1	坡屋面建筑构造（一）（含2003年局部修改版）
楼地面	1	08J332 08G221	砌体地沟
	2	J331、J332G221	地沟及盖板（2009合订本）
	3	08J333	建筑防腐蚀构造
	4	01J304 01（03）J304	楼地面建筑构造（含2003年局部修改版）
	5	07J306	窗井、设备吊装口、排水沟、集水坑
	6	06J305	重载地面、轨道等特殊楼地面
	7	02J331	地沟及盖板
	8	02J301	地下建筑防水构造
梯	1	02J401 02（03）J401	钢梯（含2003年局部修改版）
	2	06J403-1	楼梯 栏杆 栏板（一）
	3	03J402	钢筋混凝土螺旋梯
	4	02J404-1	电梯 自动扶梯 自动人行道
装修	1	07SJ504-1	隔断 隔断墙（一）
	2	07J501-1	钢雨篷（一）-玻璃面板
	3	07SJ507	轻钢龙骨布面石膏板、布面洁净板隔墙及吊顶
	4	03J501-2 03G372	钢筋混凝土雨篷（建筑、结构合订本）
	5	06J506-1	建筑外遮阳（一）
	6	06J505-1	外装修（一）
	7	02J503-1	常用建筑色
	8	J502-1~3	内装修（2003年合订本）
	9	03J502-3	内装修-室内（楼）地面及其他装修构造
	10	03J502-2	内装修-室内吊顶
	11	03J502-1	内装修-轻钢龙骨内（隔）墙装修及隔断

续表

类别	序号	图集号	图集名称
门窗及天窗	1	09J621-2	电动采光排烟天窗
	2	09J602-2	彩色涂层钢板门窗
	3	94J623-2	Ⅱ型混凝土天窗架建筑构造
	4	94J622-6：	窗帘电动启闭设备
	5	96J622-5	立转钢侧窗电动开窗机
	6	91J622-4	中悬钢天窗、钢侧窗电动开窗机
	7	96J622-3	中悬钢侧窗螺杆式手摇开窗机
	8	98J622-2	平开窗电动开窗机
	9	99J622-1	钢天窗电动开窗机
	10	05J624-1	百叶窗（一）
	11	07J623-3	天窗挡风板及挡雨片
	12	J622-1~6	开窗机（2002年合本）
	13	06J607-1	建筑节能门窗（一）
	14	07J604	未增塑聚氯乙烯（PVC-U）塑料门窗
	15	05J623-1	钢天窗架建筑构造
	16	05J621-3	通风天窗
	17	05J621-1	天窗-上悬钢天窗、中悬钢天窗、平天窗
	18	04J631	门、窗、幕墙窗用五金附件
	19	04J610-1	特种门窗-变压器室钢门窗、配变电所钢大门、防射线门窗、冷藏库门、保温门、隔声门
	20	04J602-1	实腹钢门窗
	21	04J601-1	木门窗
	22	03J611-4	铝合金、彩钢、不锈钢夹芯板大门
	23	03J609	防火门窗
	24	03J603-2	铝合金节能门窗
	25	03J601-3	模压门
	26	03J601-2	木门窗（部品集成式）
	27	02J611-3	压型钢板及夹芯板大门
	28	02J611-2	轻质推拉钢大门
	29	02J611-1	钢、钢木大门
	30	02J603-1	铝合金门窗
	31	01SJ606	住宅门

续表

类别	序号	图集号	图集名称
设计图示	1	09J801	民用建筑工程建筑施工图设计深度图样
	2	09J802	民用建筑工程建筑初步设计深度图样
	3	06SJ803	民用建筑工程室内施工图设计深度图样
	4	05J804	民用建筑工程总平面初步设计、施工图设计深度图样
	5	06SJ805	建筑场地园林景观设计深度及图样
	6	05SJ806	民用建筑工程设计互提资料深度及图样-建筑专业
	7	05SJ807	民用建筑工程设计常见问题分析及图示——建筑专业
	8	05SJ810	建筑实践教学及见习建筑师图册
	9	05SJ811	《建筑设计防火规范》图示
	10	06SJ812	《高层民用建筑设计防火规范》图示
	11	06SJ813	《民用建筑设计通则》图示
综合项目	1	10J908-5	建筑太阳能光伏系统设计与安装
	2	09J908-3	建筑围护结构节能工程做法及数据
	3	09SJ903-1	中小套型住宅优化设计
	4	08J911	建筑专业设计常用数据
	5	05J909、G120	工程做法（2008年建筑结构合订本）
	6	04J906	门窗、幕墙风荷载标准值
	7	09J940	皮带运输机通廊建筑构造
	8	08J907	洁净厂房建筑构造
	9	08J925-3	压型钢板、夹芯板屋面及墙体建筑构造（含压型铝合金板）（三）
	10	08J927-2	机械式汽车库建筑构造
	11	08J931	建筑隔声与吸声构造
	12	08SJ928	社区卫生服务中心和服务站
	13	07J902-3	医疗建筑-卫生间、淋浴间、洗池
	14	07J902-2	医疗建筑 固定设施
	15	07J912-1	变配电所建筑构造
	16	07J916-1	住宅排气道（一）
	17	06J908-2	公共建筑节能构造-夏热冬冷、夏热冬暖地区
	18	06J908-1	公共建筑节能构造-严寒、寒冷地区
	19	07SJ924	木结构住宅
	20	07J920	城市独立式公共厕所

续表

类别	序号	图集号	图　集　名　称
综合项目	21	07J905-1	防火建筑构造（一）
	22	07J901-2	实验室建筑设备（二）
	23	07J901-1	实验室建筑设备（一）
	24	06J925-2	压型钢板、夹芯板屋面及墙体建筑构造（二）
	25	06J908-7	既有建筑节能改造（一）
	26	06J908-6	太阳能热水器选用与安装
	27	06J902-1	医疗建筑-门、窗、隔断、防X射线构造
	28	05SJ919	小城镇住宅建筑构造
	29	05SJ918-8	传统特色小城镇住宅——浙江嘉兴、台州地区
	30	05SJ918-7	传统特色小城镇住宅——北京地区
	31	05SJ918-6	传统特色小城镇住宅——东北地区
	32	05SJ918-5	传统特色小城镇住宅——新疆伊犁、吐鲁番、喀什、和田地区
	33	05SJ918-4	传统特色小城镇住宅——山西晋中地区
	34	05SJ918-3	传统特色小城镇住宅——丽江地区
	35	05SJ918-2	传统特色小城镇住宅——泉州地区
	36	05SJ918-1	传统特色小城镇住宅——徽州地区
	37	05SJ917-9	小城镇住宅通用（示范）设计——广西南宁地区
	38	05SJ917-8	小城镇住宅通用（示范）设计——重庆地区
	39	05SJ917-7	小城镇住宅通用（示范）设计——广东东莞地区
	40	05SJ917-6	小城镇住宅通用（示范）设计——福建福州地区
	41	05SJ917-5	小城镇住宅通用（示范）设计——浙江绍兴地区
	42	05SJ917-4	小城镇住宅通用（示范）设计——陕西西安地区
	43	05SJ917-3	小城镇住宅通用（示范）设计——青海西宁地区
	44	05SJ917-2	小城镇住宅通用（示范）设计——辽宁抚顺地区
	45	05SJ917-1	小城镇住宅通用（示范）设计——北京地区
	46	03J922-1	地方传统建筑-徽州地区
	47	05J927-1	汽车库（坡道式）建筑构造
	48	05J910-2	钢结构住宅（二）
	49	05J910-1	钢结构住宅（一）
	50	05J909	工程做法
	51	04J923-1	老年人居住建筑

续表

类别	序号	图集号	图 集 名 称
综合项目	52	03J930-1	住宅建筑构造
	53	03J926	建筑无障碍设计
	54	01J925-1	压型钢板、夹芯板屋面及墙体建筑构造
	55	01SJ914	住宅卫生间
	56	01SJ913	住宅厨房
	57	02J915	公用建筑卫生间
	58	00J904-1	智能化示范小区设计
参考图	1	09CJ20 09CG12	钢骨架轻型板
	2	09CJ19	高强薄胶泥粘贴面砖及石材构造
	3	09CJ18 09CG11	钢框轻型屋面板
	4	08CJ17	快速软帘卷门 透明分节门 滑升门 卷帘门
	5	08CJ14	水泥基自流平楼地面建筑构造
	6	08CJ13	钢结构镶嵌ASA板节能建筑构造
	7	07CJ12	节能铝合金门窗-蓝光系列
	8	07CJ11	铝塑复合板幕墙建筑构造-"加铝"开放式幕墙系统
	9	07CJ10	聚合物水泥防水涂料建筑构造-RG防水涂料
	10	07CJ09	防水透气膜建筑构造-特卫强防水透气材料
	11	07CJ08	医院建筑施工图实例
	12	06CJ06-1	开窗机
	13	06CJ05	蒸压轻质砂加气混凝土（AAC）砌块和板材建筑构造
	14	07CJ03-1	轻钢龙骨石膏板隔墙、吊顶
	15	08CJ16	挤塑聚苯乙烯泡沫塑料板保温系统建筑构造
	16	07CJ15	波形沥青瓦、波形沥青防水板建筑构造
	17	06CJ07	改性膨胀珍珠岩外墙保温建筑构造-XR无机保温材料
	18	05CJ04	合成树脂（复合塑料）瓦屋面建筑构造
	19	04CJ02	飞机库大门
	20	04CJ01-1	变形缝建筑构造（一）
	21	04CJ01-2	变形缝建筑构造（二）
	22	04CJ01-3	变形缝建筑构造（三）
标准设计蓝图	1	91SJ803	中悬钢天窗（1/2、1/4中悬）
	2	93SJ604	厂房特种门通用五金零件
	3	01J618（二）	天窗-轻质新型钢天窗
	4	86J334	湿陷性黄土地区室内检漏管沟

4.4 其他相关技术资料

4.4.1 《全国民用建筑工程设计技术措施——规划·建筑·景观》 2009JSCS—1

该分册是由住房和城乡建设部工程质量安全监督与行业发展司组织中国建筑标准设计研究院等单位编制的《全国民用建筑工程设计技术措施》系列技术文件中的其中一册,其他分册还包括《结构》、《给水排水》、《暖通空调·动力》、《电气》、《建筑产品选用技术》及《防空地下室》等六个分册。这是专门为更好地贯彻落实《建设工程质量管理条例》等法律、法规以及《工程建设标准强制性条文》等工程建设技术标准,进一步提高建筑工程设计质量和设计效率而编制的用于民用建筑工程设计指导的参考图册。

《规划·建筑·景观》分册由总平面设计、建筑设计和景观设计三部分组成。其中,总平面设计包括基地总平面、竖向、道路、停车场、广场、商业步行区及室外活动运动场、管线综合等技术内容。建筑设计包括设计基本规定以及建筑各组成部分构造设计、室内装修工程设计、建筑物无障碍设计和设备用房设计等技术内容。绿化景观设计包括平面与竖向设计、景观小品、地面铺装、水景、种植等技术内容。该图册方便了设计人员在设计时对相关设计规范的理解,对于常见的技术问题提供了具体的处理措施,同时还介绍了新材料和新技术的相关内容。

4.4.2 《建筑产品选用技术——建筑·装修》 2009JSCS—CP1

该卷册是《全国民用建筑工程设计技术措施——建筑产品选用技术》系列之一,共有四个专业分册:《建筑·装修》、《给水排水》、《暖通空调·燃气》、《电气》。由住房和城乡建设部工程质量安全监督与行业发展司组织中国建筑标准设计研究院等单位编制,以指导工程技术人员正确选用建筑产品的技术文件。

本卷册主要由两部分内容:一是围护、分隔结构及防护材料;二是室内外装饰装修材料及设施。从产品技术资料、信息,工程案例分析,新产品、新技术介绍及产品选用技术条件等方面为专业人员选用建筑产品提供参考。

编制特点:①内容新,信息量大。以年卷本方式出版,现已推出 2003、2004、2005、2006、2007、2008、2009 七个版本。如 2007 版"产品技术资料"中共编入了 190 余类、1900 余种产品的技术资料。②技术性强,使用方便。按专业技术人员产品选用要求编写,专家审定,并采用了方便的检索方式,为选用产品提供技术支持与帮助。

这套技术文件既是建筑行业新材料、新产品的有效宣传手册,也是设计人员选用建筑产品的权威工具书。

4.4.3 《全国民用建筑工程设计技术措施——节能专篇 建筑》(2007)

该卷册是《全国民用建筑工程设计技术措施——节能专篇》(2007)系列之一,包括《建筑》、《结构》、《给水排水》、《暖通空调动力》、《电气》五个分册（图4-6）。由原建设部工程质量安全监督与行业发展司组织中国建筑标准设计研究院等单位编制，目的是为了在工程建设中进一步贯彻落实建筑节能设计标准，指导工程设计人员正确选择和应用成熟的节能技术，进行建筑节能设计，推动建筑节能工作的开展。

《建筑》分册主要涵盖了从建筑墙体、楼地面、屋面、门窗、幕墙等建筑各部位的建筑节能技术，从新建建筑到既有建筑的节能改造及太阳能利用，从建筑各部位建筑节能构造到建筑热工计算，以及不同气候区居住建筑和公共建筑建筑节能设计审查表、建设部关于建筑节能文件等内容。

4.4.4 《建筑设计资料集》

该套设计资料集是由建设部设计主管部门与中国建筑工业出版社共同组织策划，经过了百余位专家、学者的努力而编辑出版的国家级大型建筑专业设计工具书（图4-7）。其内容涵盖了建筑设计工作的各项专业知识，集中反映了我国20世纪80年代以来，建筑理论和设计实践中的最新成果。同时，选择性地介绍了一些国外先进技术资料，全套共10集。通用性总类集中汇编于1、2集；第3、4、5、6、7集分别为各类型民用及工业建筑的相关专业知识；第8、9、10集主要为建筑构造。编写体例以图、表为主，辅以简要的文字。全书内容系统、全面，而且版式直观、实用方便，是一套较好的参考资料。但由于其出版时间过早的原因，采用时应注意与现行规范、标准进行相关对照。

图4-6 《全国民用建筑工程设计技术措施——节能专篇 建筑》（2007）卷册封面

图4-7 《建筑设计资料集》卷册封面

4.4.5 专业类期刊

我国目前建筑类期刊众多,许多已成为被业界熟知的著名品牌,如《建筑学报》、《世界建筑》、《建筑师》、《规划师》、《新建筑》、《时代建筑》、《建筑创作》、《世代楼盘》等。尽管各类建筑刊物在内容和风格上不尽相同,但都具有及时反映、传播新思路、新技术,展示新的建筑成果等特点,是设计人员了解专业发展动态、辅助建筑设计工作不可缺少的参考资料。

第 5 章
实习总结与快题设计备考

实习结束，实习学生将面临撰写并提交实习报告的问题，这不仅是学校布置的实习作业要求，也是实习学生总结实习经历，整理实习收获，深化实践经验的必要过程。实习报告作为强化专业实践技能、提高思维与表达能力的一种方式理应得到重视，或许同学们还对实习报告这样一种文体以及如何书写不太了解，本章第一部分内容将就此进行介绍，但关键还在于同学们自己对实习的重视程度和良好的学习态度。

5.1 实习报告

5.1.1 文体简介

（1）实习报告的含义

这里所指的实习报告是针对建筑类院校建筑学专业五年级学生，在建筑设计单位经历了建筑师业务实践环节之后，对实习内容、实习过程、实习结果以及实习体会所写的书面报告文体。

（2）实习报告的特点

1）真实性。实习报告是实习学生在亲历了实习单位的业务实习后，对实习情况进行的客观记录和总结，具体内容包括：实习单位、实习内容、实习过程、实习体会和感想等，只有通过亲身参与到实践业务中，才能真实地反映对实际工作内容的了解、对相关专业知识和技能的掌握与应用，及时发现问题，促进教学改进。而不是在未参加实习的情况下凭空杜撰，这不仅达不到实习的教学目的，也失去了写实习报告的意义。

2）逻辑性。所谓逻辑性，是指实习报告写作的思维方式是运用概念、判断、推理等理性思维来处理各种信息以形成认识，并最终通过文字表述成为报告。在实习报告的写作过程中，虽然有对具体事情的客观叙述，但更多的是运用逻辑思维的方法进行分析研究，提出问题、分析问题、解决问题，归纳、揭示事物的本质和一般规律，使文章从内容到层次脉络和遣词造句上都具有严密的逻辑性，并结合辩证思维和创造性思维等方式，从而创作出严谨、深刻、新颖、生动的实习报告，更好地反映较为深入的实习效果。

3）专业性。所谓专业性，是指实习报告的写作内容是针对建筑学专业学生在实习单位所参与的工程实践的记录和总结，涉及学生对本专业在工程建设环节中的业务内容与程序的了解、对相关专业知识的应用、对本专业与相关专业工种配合协作的认识，以及对建筑师职业的感受等。其目的是更好地促进学生的专业学习、提高专业技能。而一篇好的实习报告往往也体现出实习学生的专业素质与水平。

4）规范性。实习报告作为一种专用文体，有其特定的写作格式和语体要求。实习报告一般的通用格式包括标题、正文和落款。其语体多为书面语，语言要求准确、简洁、平实、得体。当然，写作格式是为表现实习报告主题服务的，具体的形式往往也是依据内容来设定的，最终，使实习报告内容翔实而具有可读性，结构严谨而具有合理性，格式完整而具有规范性。

（3）实习报告的作用

实习报告的作用体现在教与学两方面，从"学"这一方面说，是学生有关建筑师业务实习过程的全面总结，也是实习结束后必须提交的作业之一。要想写好实习报告，就必须在实习期间多留心观察、虚心请教、及时记录、勤于思考、不断总结，以利于提高实习成效，培养良好的学习习惯。而在实习报告的写作过程中，又是对思维过程的进一步梳理和对语言表达能力的有效训练，为高素质人才的培养奠定基础。另外，从"教"这方面来说，通过学生实习报告所反馈的信息，可间接地获得学生的实习情况以及学生对相关专业知识应用的了解，为教学改进与研究提供了必要的依据。

5.1.2 基本格式

实习报告的基本格式通常由标题、正文、落款组成。正文又常分为开头、主体、结尾三部分。各部分内容表达应按一定的逻辑脉络分出层次，各部分之间有过渡和照应，从而形成严谨、合理、可读的结构体系。

（1）标题

实习报告的标题一般有两种形式，即公文式标题和观点式标题。

1）公文式标题。公文式标题又分三种形式。第一种称为"两要素"标题，以事由和文种组成标题，如"实习报告"，该标题最简略，也可以加定语为"建筑师业务实习报告"。第二种称为"三要素"标题，由实习单位名称、事由和文种组合为标题，如"上海中建建筑设计院实习报告"。第三种称为"两行式"标题，由正、副题列为上下两行组成，正题为事由和文种组成，副题概括报告主旨，并对报告做诠释性说明，如"实习报告——对当前建筑师职业素质的思考"。

2）观点式标题。指由反映实习报告主要观点或主题思想的短语组成标题。如"有多少错可以重来？——记我在建筑设计院的实习"。

（2）正文

实习报告的正文包括开头、主体和结尾。

1）开头，又称为前言、引言、序言等。一般常有以下开头方式：①情况概述式，即先介绍有关情况，引出正文的分析评价，进而得出结论或提出建议等。概述内容包括：实习单位情况、实习经历及实习项目简介等，从而为下文的论述勾勒出一个真实的环境和工作概况。②意义目的式，即开头阐明开展本次实习的意义与目的，以此引出下文。③评论结论式，即针对报告涉及的问题和事实发表评论，提出总体看法，然后再深入剖析。④设问式，即开篇设问，提示报告将要评述讨论的问题，以引人注目，发人深省。

其实，开头的方式很多，以上方式仅作借鉴，写作时应立足于行文目的和主旨表达，以此来设定最佳的开头方式。

2）正文，是对实习内容进行的深入论述与分析，也是实习报告的重点。其内容包含实习所承担的主要工作、实施方案的技术措施与步骤、专业知识与技能的应用、对工作与环境的适应、从中获得的体会与收获，以及相关问题的探讨、合理的建议等。

该部分文体的形式，一种可采用小标题的形式来划分段落结构。小标题既可以是对该部分要旨的概括，也可以是对其内容范围的归类，并注意小标题应紧扣报告主旨和大标题；各小标题应属同一层面，又互不包容；按思路和结构安排有序；语言简洁，句式统一。另一种也可采用分段的方式，按时空或逻辑顺序分段写出，各段相对独立，并连贯成整体。

当然，还有其他文体形式，可依行文结构安排的需要采用，但应注意同一内容层面格式统一，不要混用，以保持清晰的文脉。

3）结尾，讲究简明扼要，常有以下的结尾方式：①结论式，即在前面展开论述的基础上，点明主旨，总结全文；②说明式，即对相关事项进行补充交代或提出尚需探讨的问题；③强调式，即对实习的相关意义作进一步强调；④建议式，即对所述实习情况、问题提出合理建议；⑤表态式，即针对主体内容表明态度、陈述以后的打算。当然，若结尾内容已融入主体，言尽意明，也可不必专门结尾，自然结束即可。

（3）落款

落款有两项组成，即作者署名与成文日期。

5.1.3 写作步骤

写好实习报告需要端正学习态度，做好充分的准备，并遵循写作规律，不断练习提高。而所谓写作规律这里主要指报告的写作步骤，一般分为准备素材、拟定提纲、写作初稿、修改定稿。

（1）准备素材

准备素材的工作不是在动手写作时开始的，而是在实习之初就得开始了。当确定了实习单位，了解了工作性质和内容后，就应该着手准备报告的写作了。在实习的过程中，对于所参与的工程项目，其设计过程及其各个环节都应进行深入细致的观察，并做好必要的记录，有的学校会在实习前发笔记本给学生，并要求学生在实习结束之后交回，以此来督促学生及时做实习记录，这些笔记就是写实习报告时的重要参考，尤其是观察到的问题和不足，可以作为文章中发现问题、分析问题、解决问题的切入点，从而，写出更有价值的实习报告。

（2）拟定提纲

所谓谋定而后落笔，也就是需先明确撰文宗旨，包括写作目的、中心内容、组织形式等，依据一定的逻辑关系考虑好先写什么，后写什么，如何起笔，中间分几段，如何结尾。由于实习历时十几周，期间经历可能又很繁杂，因此，首先需理清思路，拟定提纲，以期"纲举目张"，撰写时就不至于盲目了。

（3）写作初稿

拟定提纲后，就可以着手写作了。写作初稿宜力求集中精力和时间，一气呵成，不必太拘泥于细节，嚼文嚼字，不利文气贯通，尤其是停停写写，思路容易中断，即使停也要在某个完整段落写完之后，否则，再续写可能会花更多的时间和精力。

（4）修改定稿

对于要求几千字的实习报告，要想一次定稿成功，恐怕质量很难保证，往往需要经过修改，甚至几易其稿。修改初稿往往从以下方面考虑：①报告主旨是否鲜明突出；②所列材料是否能支撑观点；③文脉层次是否合理清晰；④表达是否准确，语气是否恰当；⑤详略是否适宜；⑥遣词造句、标点符号是否正确。一般修改时，先按以上方面逐项排查，作初步修改；对于报告的大小标题应单列，核查是否有交叉、层次错位或游离于主体等问题；对于作用不大的素材，应下决心删繁去冗；如果时间允许，暂时可将原稿搁置一段时间，再作修改，可能会使思路更清晰一些。

5.1.4 例文评析

例文1采用了由实习单位名称、事由和文种组合的"三要素"标题。全文按开头、正文和结尾分为三部分。第一段作为开头交代了时间、地点，而且，很抒情地点出了收获颇丰、不同于以往学习的实习经历，为下文的详细论述开了头。中间九个自然段，按时空顺序组成正文，分别就自己参与完成的三个项目在施工图阶段、方案阶段所遇到的各类问题以及解决问题的过程等进行了详细的叙述，清晰地报告了实习的真实状况，论述了自己在制图技巧、制图规范、技术实施、专业配合以及相关沟通协调等方面的收获与体会，呈现出饱满的工作内容和翔实的实习收获。由于已有该部分的详尽论述，最后一段的结尾部分，则是以结论与表态的方式言简意赅地结束了全文，既是对相关论述的简明概括，也是对自己今后的努力提出了方向。

[例文1]

上海中建建筑设计院实习报告

九月初，我踏上了去上海的火车。时间的仓促、思维上的急速转化都让我没有太多的时间作调整，于是我迅速走进了这个城市。这是两个世界，两种生活，两个完全不同的生活目标，两拨完全不同的朋友和师长。这两次角色的转换，对于我的人生来说，感觉就是在Windows里不同程序间的切换，一旦进入了一种程序就很难再想起另一种程序的运转方式了。这些天有空我就翻我的日记，我发现那时的记录哪怕再潦草再混乱，却总是最真切的，它就像一个链接，让我的头脑完成时空的转换。看看自己三个月是怎样一步一步走过来的，这在过去是没有经历过的，点滴故事融会贯穿，生活、学习，加之自己的心路历程——自己就这样在慢慢成长着，更加淡定，自信。

我被安排在了设计一所，这让我有机会接触我从前没有接触过的施工图。对于专业的学习，我觉得比较幸运的是刚来的第一天便开始了画图，总工安排我辅助董工画兴唐的唐人居小区住宅施工图，在这个任务中基本上是要求画到扩初的程度。由于创作室的方案比较粗糙和仓促，只有几张效果图还有平面，所以拿过来的图由董工负责深化平面，我的任务则是将一张张的彩色立面图以cad的形式画出来，然后在此基础上慢慢深化，还有就是根据董工的平面和我画的立面再画出剖面。总以为画普通的cad图还是不成问题的，毕竟两年的作业都是用cad出图。实际则不然。过去由于是自己画了自己看，老师看到的也不过是最后的成图，重线、断线，图层的划归，颜色的区分……这些都不会成为最后出图的阻碍，而现在这些问题都会一不小心便成为以后别人深化的隐患。由于最后出图线的粗细度是通过颜色来打印的，所以不同颜色的重线在画图是可能被忽略，但出图时候便会出现粗粗细细的情况，一个人的粗心可能就会造就多个人的麻烦。另外发现过去在学校画图我还是比较"忠厚老实的"的，技巧的缺乏使得画图只是在一笔一划地进行中，而实际工作中为提高画图效率则必须通过一定的技巧，减少自己的工作量，"块"、"动态块"、"外部参照"的有效运用都会缩短制图时间，就"外部参照"来说，命令就摆在那里，思考琢磨却在自己，不同公司的员工熟悉认知度不同，运用也就不同。比如有些人把一种户型做成一个外部参照，最终拼成一个楼层平面；而某些国外员工为减少更多工作量，常常在更小的起始点便开始了"外部参照"的运用，也方便各专业的协调制图。就我画的立面来说，由于只是通过看彩图中构件的比例以及自己平时的经验去大体估计窗户、装饰板以及其他的尺寸，所以难免需要推敲。由于缺少制图经验，对于一种构件只是简单地做好，再通过复制的方式放入相应的位置，10栋楼总共约60个立部图常常因为所长的一句"你把窗台板加厚150mm"而全部重新改，如果在开始时便做成外部参照或者块的形式，那么便可达到修改一个而全部改动的结果，节省十几倍的时间。这些小的经验和体会都给我一些启示，一张完整的图纸常常会出现多个人完成的情形，为避免重复劳动，那么就需要提高制图的规范度；同时由于涉及各专业的配合，建筑的"一次提资"才能使得其他专业正式开始制图，那么就需要提高自己的效率，平时多总结制图技巧。

虽然我的画图不讨巧，但总体速度还是不慢的，我的任务很快就完成了，因为董工一直在深化平面，所以王老师便让董工把住宅的详图交给我来画。这对我来说确实有点小挑战，毕竟在学校是没有画过详图的。对于没有做过的事情，我还是保持一种积极的心态的，总有一种尝试欲望，这大概就是学生心态吧。于是在这段时间，在王老师的指导下，我绘制了不同户型的卫生间、厨房、阳台及空调板、窗台以及多种女儿墙的详图。绘制详图首先就是要面临和水专业的配合协调。比如两个合并在一起的暗卫生间的墙所用到的通风砌体的位置便要避开水专业的在卫生间的各管道的位置。地漏、冷凝水管、雨水管、落水管的位置和数量，也要考虑一个经济的问题以及甲方任务书中的标示，以此确定住宅不同位置管材直径的大小，这些都是要建筑师和别的专业沟通最终表达出来。其次是一个生活经验问题，画详图需要保持清晰的头脑，联系生活经验，并且首先要自己搞懂每一条线的作用，不同的住宅会遇到的不同的情况，并不是拿过来一个过去的住宅的详图比对着画就可以的，一定要自己思考清楚。比如如果客厅和卧室的空调机位放在一起，中间只需要加一块空调板，由于客厅使用立式机，卧式使用挂机，那么只需标注卧室"空调留孔 $\phi75$，中心离墙Xmm，离室内地坪2200"而客厅则是"空调留孔 $\phi100$，中心离墙Xmm，离室内地坪2200"，那么平面剖面详图中的中间空调隔板便要多画出一个留洞以使得下方的机组通入上方墙体的留洞。最后就是标注了，详图的标识不同于平面图，它并不是平面图的再现，平面图中已经标注过了的，这里便无需再去标上，它是一个补充，给其他专业定位，所以这里的标注大多是对管的定位的标注以及对其他细部构件定位的标注。

由于前面的任务顺利完成，接下了我的任务便是要在王老师的指导上下独立完成一整套小型公建的施工图，由于任务是循环渐进的，这样我接受的也不至于太突然，心里也有所准备。

第一次修改。这一次创作室拿过来也仅仅是一张效果图，几张立面彩图，大体确定的平面——一、二层超市，三层是办公。令人郁闷的是它本身的立面是脱离平面去做的，只是出于构成或造型的考虑，这样就会出现很多问题，比如整个三层由于层高相对比较低，为了形成石材和底层超市大面积玻璃的虚实对比，一点也没有开窗，而且它的附属办公也没有按照实际情况去开窗。由于效果图是被甲方认可的，所以前期工作等于是在保持原来风格的基础上重新立面，然后对照立面整理平面，设计人员考虑问题的仓促带来了很多麻烦，也只好重新去考虑。平面基本绘制好了便交给甲方确认功能，谁想甲方突然改变想法，变成了只有一层做超市，这样二、三层便都成了办公空间，同时核对过防火消防的安全后可以去掉一部楼梯，甲方又对楼梯位置作了些调整，这样又使得整体立面重新发生了变化。反复细微地调整，最终确定平面，图纸就这样慢慢地深化。屋顶层平面开始是我比较头痛的，不知道该怎么入手画，同时建筑上不同标高的装饰构架也需要排水，就这样使得排水比较复杂起来，王老师教我如何解决此类问题，首先确定建筑的防水等级，然后查阅相关规范根据汇水区面积确定雨水管的根数，将屋顶分成适当的汇水区进行找坡，确定排水坡度，根据建筑物本身各种要求确定内排水还是外排水而建筑构架排水的坡度要求可以放低些。由于此公建主立面为大面积玻璃幕墙，外挂铝板，为保证美观，就需要遇到玻璃幕墙区域，做成内排水，而在铝板区域，则可结合外挂材料与建筑墙体150mm厚的间隙将 $\phi75$ 的PVC管材藏于其间。而其他面则尽量与建筑形体结合起来，尽量将其做得隐蔽些。需要考虑其他专业的便是，雨水管的安置要避开梁的位置，同时由于内排水雨水管同样要接到室外，这样便需要在幕墙底部留150mm的混凝土翻边以保证其穿出。这也是我在画图过程中没有考虑周到而遇到的问题。

第一次提资。平、立、剖全部画完后可以进行"第一次提资"了，这时建筑专业向其他专业交付比较详细的图纸，其他专业开始介入，同时建筑专业继续深化。由于这次的公建出挑的构件及墙体比较多，加之上下贯通的玻璃窗比较多，给结构专业带来不少麻烦，所以这次主要是和结构专业沟通。比如就构架来说就不少学问，当初设计师并没有考虑太多它的建筑相对位置，出挑部位仅仅是出于美观，实际做的时候由于要与梁联系起来，这样相对于它的宽度比例，与其他部位相对应的推敲就需要重新考虑；而仅仅一片构架由于一部分与建筑相连另一部架空，排水的处理肯定又会不同，这个时候需要与结构沟通，最终确定一个合理做法，同时又由于构架梁的上反，会对排水坡并造成一定影响，找坡方向又会作相应的调整。与结构专业的贯工反复磋商调整，使得方案慢慢成型且合理。这让我深刻体会到在做设计的时候要做比较周到的考虑，一个简单的也许只是自己出于美观考虑的构件也许就会给其他专业以及后来画图的人带来麻烦，而形式美上的东西常常解决途径有多种，只有跟实际结合起来，才是可以实现可以表达出来的美。同时也让我知道画图要时刻保持头脑的清晰，才能清楚地将自己的想法表达出来，自己清楚地明白并也让看图的人明白自己画的每一条线；同时只有自己头脑清晰才能准确地和别人进行交流，不耽误别人的时间，同时将问题在最短的时间内解决。说到清晰的表达，在学校作业时候往往有老师明确要求平、立、剖一共画多少个，而在实际中便不会有人要求你。当我问需要画几个剖面时，王老师回答：画你能准确地表达出你的方案的个数的剖面便可以了。所以我的最终剖面及剖立面有五个。

　　写设计说明也是让我头疼的一件事情，刚开始时很迷惑，王老师给我几个参考以及做法图集让我自己先看，以至于我误以为建筑做法大同小异，拷贝下或者索引下，一篇设计说明也就出来了。其实设计说明也是根据建筑类型的不同"可添可删"不同条目的，在王老师一字字给我修改设计说明的时候，我脑中对于那模糊的要领也渐渐清晰，虽说做法可以互相引用，但是要根据具体项目、甲方投资情况以及实际方案作相应的灵活变化。总的一点还是在说一个问题，让看的人更加清楚地明白要建成什么样，要怎么建，把一个设计方案"翻译"成可实施的工程方案。

　　关于制图规范是施工图所要严格遵守的，过去在学校画施工图的时候总是觉得自己画的 CAD 不如看到的很多图纸漂亮，其实遵守制图规范，将很多图面表达的东西作一定的规范限制，图面自然漂亮精神起来。其实指导老师虽然就在那里，而且很多事情需要主动问，但很多事情是需要自己解决的，所以每次遇到一类问题，王老师总是先教我从查阅相关的规范书集开始入手，然后最终根据实际的情况我们一起得一个定论，这样以后再遇到类似问题，也会慢慢自己解决。

　　我在实习中接触的最后一个方案是一个建筑设计方案，是一个在青岛建设的由美国设计师设计的乳胶制品厂的 4 万 m^2 的厂房方案，由四家单位竞标。其实主要的还是商务标，涉及报价的问题，而我们所负责的技术标所占的比重相对比较小些。对于此方案的技术这一部分，设备和水专业相对比较重要些，而建筑相对轻一些，所以建筑这一部分便交给我独立负责。本身方案已经是做好的，存在总平面，平面，工厂工艺流程简介，设计说明等，我的任务是清楚了解方案的具体细节，以及工艺流程，根据其通风采光以及对空气洁净度要求确定立面的开窗；重新整理平面，核对是否符合国内的规范；画出方案的剖面，和施工方协调沟通以及制作最后的文本。让我苦恼和尴尬的是这些全部是英文的，最初看平面和总平面等便耗费了一下午的时间，所幸最后施工方拿出了完整的翻译好的文件，我才能够顺利进行下去，在上海的多次事件都提醒了我英语的重要性以及我语言基础的薄弱。这次的任务还是完成得比较顺利，要做的事情也是在学校的学习中经常做的。在此期间，每个专业都有一个人负责，做好自己所负责然后和施工方交换意见。我也有幸成为其中一员，虽说我的发言很少，但是听其他专业提出问题，和施工方探讨交流意见还是比较有意思的。

期间也作过零零碎碎的一些事情，其实感觉还有一点非常重要的就是要有耐心，常常因为领导或者甲方的一句话全部否定前面所做，只能耐住性子再重新开始。做唐人居变电室水泵房的施工图的时候，和水电专业一起沟通了很久才把一个思路想好，接着按照要求全部画好，没想到接着就因为甲方的一句"水泵房独立，变电做成箱变放在楼内"而使得图纸夭折，重新画。

时间过的很快，转眼之间实习便完整地走过了三个月，在这三个月的实践学习中不仅使我学习了施工图的绘制，而且使我对方案设计也起到反思和促进。积极地和别人沟通交流，踏实耐心地学习，扩展自己的知识领域，锻炼独立思考和解决问题的能力……这就是以后我应该更加努力的。

建筑032班　孟昭倩
2007年11月

例文2采用了最简略的"两要素"标题——"实习报告"，全文按开头、正文和结尾三部分组成。开头以"序"字引出，用列小标题的形式分别列出了实习目标，实习时间、地点、指导教师，以及实习工作内容等基本概况，简明扼要地为下文主体部分的论述作了铺垫。正文分别以五项实习工作为标题，详细叙述了具体的工作过程，以及自己的体会和收获。最后一段结尾，总结了自己对实践学习和建筑师职业的认识，表述了对未来的打算。全文结构脉络清晰，语言简练，句式统一，体现出该生具有较好的表达能力和深刻的思考。

[例文2]

实习报告

序

紧张的建筑师业务实习终于结束了。在这三个月中，收获很多。作为建筑学专业的学生，我也或多或少地体会到了从业建筑师的工作与生活状态。在此分章节具体总结我主要经历的几个工程，也附带说明一下我参与的一些工作，以及这三个多月以来的学习和生活情况。以期更加完整真实地提交我的实习报告。

一、实习能力培养要求

1. 培养学生在专业人员指导下完成详细图纸和文件编制的能力。
2. 培养学生调查研究和整理、分析、利用资料的能力。
3. 了解建筑设计的全过程：从熟悉设计任务书，到现场踏勘与调查，方案设计、修改与评定，文本的编制。
4. 了解建筑设计管理过程：建筑设计项目的组织与管理，建筑设计方案的评议，各种建筑设计文件的制作，以及建筑实施管理中问题的处理方式与方法。
5. 熟悉建筑设计的标准与规范，熟悉建筑建设与管理法律、法规。

二、实习时间

2007年9月10日～2007年12月9日

三、实习地点、单位、指导老师

山东省建筑设计研究院第一分院

地址：济南经四路小纬四路

指导老师：王宝峰

四、实习内容：

1. 振兴街旧城改造住宅工程现场答疑
2. 邹平县实验学校总体规划及单体方案设计
3. 海天软件专修学院总体规划及单体设计
4. 山东会仙桥日用品批发大市场1、2号楼施工图设计绘制
5. 其他

一、振兴街旧城改造住宅工程现场答疑

8月份就到了设计院开始了第一周的适应性工作，帮工作人员做一些小工，像描图、统计指标、sketchup草模创建、Photoshop后期制作等。每天的工作都很轻松，周末的时候突然接到一个任务，作为设计方的人员去振兴街回迁办公地点为挑选住宅的回迁人员讲解答疑。

早上八点，我跟随李工在出租车上开始熟悉这个方案。住宅区共有5栋高层住宅楼。1号楼位于振兴西街以东靠近经七路的地方，3号楼位于片区中央位置，而2、4、5号楼则从西向东依次排列于经十路北侧。振兴街三角地棚户区共需拆迁1266户，其中住宅1220户，非住宅46户，这次提供的回迁安置房共有1166套。1166套回迁安置房共分为三室两厅、三室一厅、两室一厅三种户型，其中三室两厅41套，三室一厅292套，两室一厅833套，面积从53m^{2}到123m^{2}不等。选房的方案初步根据居民现住房面

积分为12档，每一档居民只能选择其所对应一档规定的回迁房屋户型。在具体选房抽签时，会根据居民有无残疾、年龄等因素排定顺序，整个方案更加人性化，不仅照顾了弱势群体和老人等，还防止了有人借此超标选择大户型回迁房，也使得多数人能有机会选到适合自己的房屋。我的工作是讲解方案，并根据居民的需要协助他们作出选择。

第一天的选取房人群由残疾人员组成，我跟李工就站在选房的编号旁边解答问题。第一天的工作比较顺利，我按照对于残障人员最方便卫生的原则帮助他们作出选择。之后的几天是九十岁以上，八十岁以上，按照年龄的顺序进行排列的。老年人选房子的困难主要是对图纸不明白，没有现实的楼房，他们很难想象自己所选择的房子是什么样子，在哪个位置上。我就为他们详细地描述每个户型的位置、日照、布置，用他们能接受的方式帮助他们明白自己的选择。其中有很多孤寡的老人，我就更加耐心地帮他们选房。自己也觉得自己的工作很有意义。老奶奶、老爷爷离开时的一句谢谢，让我第一次为建筑师的社会责任所感染，我获得的是信任和肯定。

回迁办公的现场条件比较恶劣。几间老旧的平房，没有电扇，我每天八点开始工作，晚上五点半离开。说实话那几天是很紧张的，我担心自己会支撑不下来。接下来几轮的选房也进入白热化，比较理想的户型基本上已经被选得差不多。我面对的回迁住户人群也复杂起来。我也开始学着处理不同的情况，理解不同人的心境，他们的苦楚和难处。

所以，有时候会挨骂，有时候会受委屈，但是我不觉得难过，因为我对自己的工作很满意，我做了对的，说了实话。跟回迁办公室的工作人员一起合作，大家把最困难的时刻都度过了。

说实话，我四岁之前就曾在振兴街跟随祖母生活过，我把我接待的每一位回迁居民都当作我的老街坊邻居看待，我尊重他们，关心他们，这也就解释了为什么我成了最耐心的，有最好态度的现场工作人员。现在总结这段工作的时候更多的感受是自己对于社会认识的成长，对于建筑师职业自豪感的提升。有时候，尊重与信任之下的理解沟通是解决问题的最好办法。我们不能说钉子户就是对抗政策的低素质人群，也不能忽视低学历人群的文化审美品位，我们面对的是复杂而又真实的生活。我作为一个即将毕业的学生，真的需要踏下心思做事情，好好地向有经验的人学习，不仅仅是专业知识。

二、邹平县实验学校总体规划及单体方案设计

八月中旬，我在回迁办公现场的工作还没有结束，被所长的一个电话召回。接手了离职实习生的工作，继续邹平县实验学校的设计。这个方案已经进行了两年，改了五轮规划（其中换了一次基地位置）。到了我的手里已经是第六轮。我的任务是参考第五轮的修改意见继续第六轮的规划设计，然后进行单体建筑的方案设计。因为要两周出两套方案。我的压力还是挺大的。李工手里还有振兴街商业回迁改造的重要任务，所以我们大体分了一下工,以我的作图工作为主进行。

五轮方案的修改意见主要是集中在运动场的位置上。因为这个校区是中小学两部分组成,所以想要考虑将运动场地放在中间位置以达到教学资源的共享。设计进度是两方案在9月10日前完成并作出整体鸟瞰图、主入口迎门效果图、各单体建筑效果图;9月15日前专家评审。9月17日前办理规划许可证。9月18日工程费率招标(无规划许可证不能招标)。我们在上一轮的基础上调整了运动场位置,细化了校区内河流的绿化设计。然后开始着手做单体方案。

单体的方案进行得比较顺利,在王院长的指导下一个方案基本上改动很小就可以通过。之后的工作就是去效果图公司协调表现效果事项。一套方案的效果图基本是以甲方的喜好做的,我们没有参与意见。另一套方案是我们提出的意见。最后拿图的前一天,甲方提出再做一个艺术楼单体的设计,我也是第一次在一天之中连平面带模型的出图。从早上八点到晚上九点半,终于把任务完成了。

这次经历让我体验到了设计院工作的快节奏和压力。我也了解了方案设计的一般程序。

三、海天软件专修学院总体规划及单体设计

九月初拿到海天软件专修学院的可行性报告。在王院长的指导下开始迅速熟悉方案,构思规划。开始的时候,研究可行性报告我基本上没有方向,也是因为没有任务书,面积指标等限制性因素,基本上无从下手。因此主要是分析基地的自身条件和主要限制因素。①从东北向西南由高到低的高程过渡,其中也有原来施工留下的基坑。②插在中间的玻璃厂,贯穿东西的城市天然气管道是主要的制约因素。在下发了《建设工程规划设计要求通知书》后,我对设计的规模有了进一步的把握,提炼出直接指导设计的信息:可规划建设用地约 26.46hm^2(不含天然气管道防护走廊用地 5.73hm^2);地上容积率不宜大于0.8,建筑密度不宜大于18%,绿地率不小于35%,可合理安排部分地下建设部分。规划建筑物后退经十东路道路红线距离不得小于25m,毗邻山地坡度坡度15°以上地区不得安排建设;沿西侧山体合理规划安排环山路并妥善解决截洪排水问题。

本项目根据高等学校的设计原则进行分区。但是具体确定学校的规划、各项建筑项目的规格则很长的一段时间都没有定下来。王院长带着我们去跟甲方谈了很多次,第一次的时候我们定的学生人数和招生人数、教学方式、教室规格、设备规格都在后来发生了很大的变动。也不能说我们的甲方是不负责任地让建筑师改来改去。经济原则在里面的作用是很大的。招生的人数,施工的工序,资金的周转都要求综合考虑,我也头一次意识到建筑不仅仅是做做方案这么简单。建筑部门、技术部门、规划部门、政府部门等等,一切的一切似乎都跟建筑,实际要盖出来用的建筑扯上了联系。我们的工作只是其中的一个环节。然而却是重要的一个环节,假如说其他一切的一切是钥匙,我们的工作

就是将其串在一起的环扣。我们的工作既要具有一定的远瞻性，也要考虑到之后环节具体操作的弹性。

定下人数之后，我们要做的首先是各区具体使用面积的划分。公寓最简单明了。根据《山东省大中专院校学生公寓收费标准》规定，学生公寓需要具备的基本条件是：①人均建筑面积达到或超过 $5m^2$ ；②每间学生公寓住宿人数不超过 6 人；③每生配备床、桌子、椅子（凳子）、橱柜等住宿设计；④楼层设有公共卫生间、盥洗室、淋浴等设施，楼内配有公用电话、开水间等。确定了学生公寓的方案设计。

然后，根据《教育部关于印发〈普通高等学校基本办学指标（试行）〉的通知》的规定，依据其中合格的标准确定了行政用房等的面积数。

之后，我们又与甲方商议教学形式，以确定教学楼的面积分配。语音室、机房、普通教室、阶梯教室、报告厅的分配，我们也经过了两轮的修改。

与此同时进行的还有施工时序的设计，一期、二期建设招生时序的商讨。我们与甲方也碰了两次以上的面。最后确定了所有的这些因素。我开始着手细化（之前完成的几个进行修改）我具体负责的单体。

包括总平面的细化，沿街所有建筑，宿舍建筑，1、2 号教学楼。

我一开始还是心态不对，抱着提早完成任务的心态，前几个方案进行得很快。结果后来改动很大，只好返工。最大的教训就是一定要好好跟甲方说清楚，不能有一点含糊。否则只能是自己事倍功半。

一开始进行大门及沿街的设计，我还是按照学校做设计的思路，找自己的理念去做。王院长跟我谈了话，让我去做实际建筑踏实的东西，不要好高骛远。我闷了一个下午，然后按照要求，做了这个设计，实际看来效果还是不错的。

我做完第一个文本后，觉得对于这个报批规划的文本有了一定的认识，认为自己能独立做了。于是后来的第二个文本我完全由自己做，没有让领导审阅。最后的时候发现自己的竖向设计不对，算错了。结果重新翻书学习，再做有点后怕，必须细心、负责，由不得我有一点放松。

作为建筑师，不单单是与建筑打交道，最重要的是要时刻清醒，明白自己的工作，安排各项工作的协调。这就是我学到最重要的一点。

四、山东会仙桥日用品批发大市场 1、2 号楼施工图设计绘制

这个项目的图纸绘制是穿插在海天项目之中进行的，是对原来方案的修改和深化。刚开始接触的时候轻敌了。没有想到绘制真实的施工图纸这么麻烦。小小批发市场让我改了十几遍。楼梯、层高、所有的东西都是以经济性为主进行的。楼梯的画法不能用天正建筑软件自动生成的块，必须炸开，修改。最后因为层高变动，楼梯又改了许多遍，在转弯处做踏步，楼梯下做卫生间，走风道、水电，开洞的尺寸不对。设备用房和设施的空间体量与布局要求、管道铺设、预留洞口、结构构件标高与尺寸、荷载要求等很多东西需要矫正。很多东西要先问好了怎么做再画，否则就是纸上谈兵，真是的一窍不通，我坐在那里怀疑自己是不是学建筑学的学生。最后交上去给张工审图，一上午的时间就给我写了六页的问题。我发现很多都是由于我对其他专业不熟悉而犯的错误。于是就开始各个桌子上去问，改，问问改改。这个过程是收获最大的。

我也深刻意识到施工图的设计绘制真的是一门学问。很多东西不是书本上读读就可以自学得来的。我们之前在学校的学习方法存在着很大的问题。笼统的理论在实践面前需要谦虚地接受审阅和修正。在今后的学习中我肯定会更加注重经验的积累。

五、其他

在这些项目的进行中，我还参与了几个小项目。其中也有化险为夷的经历：山东玺萌房地产有限公司（百花洲）项目，第一天下午说了构思，第二天中午12点要汇报。我花了一夜时间，第二天也是在有经验的老师的指导下完成了这个任务。我对自己的这个设计很不满意，觉得自己缺乏对于城市的快速感知能力，希望在之后的学习中进一步完善这些问题。

另外还参与了山东省公安厅交通楼外墙壁装饰改造工程方案设计投标的标书及展板制作，了解了一些关于项目招投标的知识。

通过这段时间的建筑师业务实践，我学到了很多，也有很多感触。我虽然也能利用学校所学完成任务，但是最大的感触还是实践学习的重要性。我发现我要学习完善的地方还很多。实践的能力，可以跟从较大规模的设计院进行学习，我在实习的每一天基本上都能得到一点收获，这也是我目前最希望提高的地方。先就业学习实践知识不失为一种好的选择，但是，如果能够在理论方面上一个认知层次再指导实践也是学习的一个途径。我的选择恐怕要看我现阶段有没有继续学习的能力以及就业的准备。建筑师这个职业是忙碌而充实的。在不久的将来，这个职业将会获得越来越多的关注和认可。我希望自己能够在这个行业里继续学习提高。

建筑032班　张雅丽
2007年11月

5.2　快题设计

学生在完成设计院实习之后，考研、找工作的问题便接踵而至。最近几年，一方面随着开设建筑学专业院校的增多，每年培养出的毕业生也日益增加，为了缓解就业压力，有很多学生选择了考研，而快题考试是本专业研究生考试重要的科目；另一方面设计院在争夺市场的竞争中也使得其青睐于成熟、高效的建筑师，为了能够在众多应聘者中选拔到优秀的设计人才，除了考察其作品集和简历以外，也越来越普遍地采取快题考试这一形式，通过这一考试方式可以在短时间内看出设计者的设计修养、图面表达能力以及发展潜力等。因此，对于建筑学专业高年级学生来说，在掌握基本功训练的基础上了解并熟悉快题设计与考试的常见问题与有关技巧，对于考研、求职都是非常必要的。

本节中所探讨的快题设计专指快速建筑设计，除了对其概念、内容进行全面介绍外，还侧重对建筑学专业研究生入学快题考试的原则、要点进行了分析总结，并加以实例评析，以助即将走上考研、求职同学的一臂之力。

5.2.1 快题设计简介

（1）释义

快题设计是在较短的时间内完成某一项设计任务的构思，并以徒手或借助工具的形式将其完整流畅地表达出来的设计过程，它是建筑设计中方案阶段的一种特殊工作形式。从时间和目的上来看，快题设计的过程可从几小时到几天不等，既可以用作选拔人才的考核依据，又可以用于实际工作中建筑师对设计前期多方案的构思和比较。

（2）应用

虽然现在计算机制图已成为建筑设计行业中普遍使用的绘图方式，但在方案设计的构思阶段，快题设计作为一种建筑师"捕捉灵感"的特殊工作方式，作为推敲设计方案和训练思维模式，有着电脑无法比拟的快速性和直观性。此外，其所包含的基本功训练是建筑学专业学生应具备的一项重要能力，是高校建筑设计课程教学的重要内容。同时，从选拔优秀人才的手段等层面来看具有特殊的意义：除了学生考研、去设计院求职要参加快题设计考试以外，在国家一级注册建筑师考试中，6小时的方案设计作图也是其中通过率较低的一科考试。因此，加强对快题设计的重视，以改变学生在学校"重电脑、轻手绘"的倾向，有着积极的意义。

（3）工具

快题设计中用到的主要工具有拷贝纸、硫酸纸、绘图纸、铅笔、针管笔、马克笔、彩铅以及尺规橡皮计算器等。

拷贝纸：又称草图纸，由于质地柔软透明，便于流畅快速的随意勾画，适合铅笔表现，因此主要用于方案构思草图时使用，但也有学校以此作为正式考试用纸（如天津大学）。

硫酸纸：又称描图纸，质地脆硬透明。硫酸纸比拷贝纸结实，不易弄破，适合马克笔+墨线表现，易修改。除了构思方案以外，也被用作正式考试用纸（如同济大学考研的快题和注册建筑师考试作图科目）。

绘图纸：质地较前两种厚实，有不透明和略带点透明的，也有略带底色的。这类纸的影调和铺色的效果都比较好，适于各种表现工具，因此被大多数学校用于正式的研究生快题考试用纸。

铅笔：2B 以上的软铅笔用来画构思草图。HB～2B 的硬铅笔用来画一些控制线和细节。

针管笔：正图上墨线使用。推荐德国产的施德楼灰色杆系列，粗细选用 0.2～0.7。这款笔的好处是价格适中，出水流畅、随画随干，上马克的时候不容易把图蹭黑。

马克笔和彩铅：马克笔铺色较快，适合做大块面，也较易出效果，但笔触不好掌握；彩铅比较适合有色彩功底和善于排线条的学生，能作出层次感，但比较费时间。两种笔可以取长补短，结合使用。对于色彩和马克笔功底比较弱的同学，建议多用灰色系，浅灰到黑的各个层次的都要有，绿、蓝也主选灰色调的，比较艳丽的红、黄等色系主要用于表达配景。

尺规橡皮用于辅助作图，计算器用于计算面积及经济指标等，也是考试不可缺少的。

此外，准备一只好的美工钢笔用于洒脱奔放的徒手表达，可同时起到多只不同粗细规格针管笔的作用，而且表达效果更为丰富并省去了换笔的时间，这对于分秒必争的考试是非常有意义的。

5.2.2 快题设计原则

（1）整体性原则

设计整体感强，表达完整有条理性，各项图纸的表现深度一致。成图一眼看去要能体现出方案的特点、你对建筑的感觉，以及对设计的理解等。

（2）准确性原则

设计尽可能满足任务书的要求，不能有太大的出入，更不能随意地自由发挥。符合任务书要求的建筑面积（总面积一般可浮动 10%）、功能安排，遵循建筑退线等规划控制条件且表达清晰无误。

（3）完整性原则

设计内容齐全，满足题目要求，没有漏图，表达清楚。主要图纸中的文字说明、房间名称、尺寸标注、指北针等完善到位，这些看似不起眼的问题，往往会容易失分。

（4）突显性原则

图面效果是快题给人的第一印象。通过字体、配景等一些细节的表达和优美流畅的徒手线条制造图面亮点，体现出深厚的个人基本功，会给阅卷人留下深刻的印象，有助于分档等级的提高。快题设计提倡功力深厚的图面表达，但也要注意度的把握，不要过于个性化。

5.2.3 快题考试要点[①]

(1) 考试类别

快题设计作为一种近乎于考试的形式，已被广泛用在高校研究生入学建筑设计考试、设计院选拔聘用人才以及国家注册建筑师考试等方面。各种考试对图纸的规格和数量要求一般是 A1 图纸（841mm×594mm）1~2 张或者 A2 图纸（594mm×420mm）3~4 张。

虽然都是快题设计的形式，但三者的评价标准略有不同：研究生入学建筑设计考试侧重以快题形式考察学生的基本的方案构思能力和空间处理能力与设计表达能力；而注册建筑师方案作图考试不要求作出透视图，而是侧重于方案的技术性和安全性，考察的重点是方案的分区明确、流线合理、满足规范、技术可行，作为执业资格考试，一般不求创新性，对面积的限定严格；设计院的招聘快题考试则综合了考研快题重基本功和注册建筑师考试重可行这二者的特点，且往往对应试学生的图纸表达方式没有特殊要求，根据设计院的服务对象，其命题往往带有浓重的行业色彩。

(2) 题目类型

过去的快题考试题目类型比较常见，比如文化馆、名人纪念馆、社区会所、旅馆、小型博物馆等，这一类的题目，一般面积在几千平方，有大中小空间的组合，层数为多层，功能和流线的组织都相对比较简单，所给的基地也比较宽松，设计的自由度也比较大。现在随着考研学生人数的日益增加，考试难度逐步在提高，有些快题考试的题目设计，已从宽松地块中简单的中小型公建设计发展成为限制性条件下具有较复杂流线的建筑设计，比如设置有特殊环境要求的城市地形、针对旧建筑进行改造等，其对解决方案本身的功能和处理建筑形体、人车流线与环境关系的要求提高了。

当然，出题人的意图也有不同，有些高校的研究生入学快题考试题型比较"偏"，打破常规，则对学生的创造性思维和应变能力提出了更高的要求。

(3) 时间分配

快题考试的时间通常为 6~8 小时，个别也有 3 小时的（如同济大学考研初试快题）。

一般方案构思占全部时间的 1/3 左右，其余时间除留出适当的时间用于最后查漏补缺外，基本都为完成各项图纸的绘图表达的时间。以考研常见的 6 小时快题设计为例，方案构思的时间约在 2 小时以内，绘图表达的时间约在 4 小时，具体各项图纸的时间分配可以根据实际情况和个人特点灵活控制（表 5-1）。

作为考试的快题，应以完成为首要目的，在速度和精度相冲突时，应首先保证速

[①] 本节部分内容受益于清华大学朱文一教授，同济大学吴长福教授、黄一如教授、董春方副教授有关建筑学硕士研究生入学快题考试的讲座内容。

度。要目标明确，控制全局，宁可画不好，不能画不完。画图要快，可以徒手和尺规结合，长线条用尺规能提高速度，短线条和环境的表现用徒手。具体的画图技巧应当在平时多做练习，熟能生巧。

6 小时快题设计参考时间分配　　　　　　　　　　表 5 – 1

设计阶段	方案	一层平面	主立面	透视图	二、三层平面	总平面	剖面、次立面	机动
时间（分钟）	120	40	30	60	20	30	40	20

（4）方法与步骤

高层次的方案设计能力不是通过短时间的强化训练所能形成的，而是要在五年的学习当中逐步积累提高的。但是，熟悉快题考试要点，有针对性地进行准备和模拟训练，对快题考试的临场发挥是有益的。以下则针对快题考试的各步骤和要点等进行总结。在注意这些要点的同时，再进行针对性的训练能对考试起到事半功倍的效果。

一是分析任务书的要点。

方案设计初步构思时审题非常重要。通常在任务书中，除了明确地表达了对本设计的要求和现状条件之外，还会暗示一些设计要求，甚至暗藏"陷阱"，以便考察学生的分析和应变能力。因此考生除了认真阅读任务书的文字部分以外，还要仔细研究基地地形图（有时还有区位图、规划图、功能气泡图等），做到全面审题，找出其中的理性要素，分析出题人的意图。具体来说应注意以下几点：

1）注意基地的周边环境因素。注意基地所处的地理位置（如南、北方，当地气候条件等），分析确定基地与城市道路衔接的主、次入口方位，对场地进行安排，区分道路等级，组织交通流线及绿化，布置静态交通等。

2）注意基地内的限定条件。比如基地用地红线，与地形地貌、文脉的结合，景观朝向，保留的建筑、树木，建筑风格要求等特殊要素。

3）注意规划条件。比如建筑退线的要求，建筑高度、面积、容积率和绿化率等硬性指标要求；符合日照间距、防火及其他与建筑功能有关的规范要求。

4）注意项目性质。正确理解其功能要求，比如：动静的分区，流线的组织，空间的序列，大、中、小空间的关系和安排等。还有一些细节问题，如门厅的处理、楼梯的安排、主要房间的朝向、层高……对光线有特殊要求的房间应北向采光或利用天窗等；大空间的报告厅最好放在一层与主入口结合布置，并注意其对整体功能和形态的影响。

以上几点都是评阅快题所关注的地方，都有对应得分点。

二是建筑设计的要点。

方案一定要清晰有逻辑，功能第一；空间丰富有变化，有层次感，有内容而不花哨，这是体现较高方案水平的地方，也是以后快题考核点的发展趋势。

方案要符合任务书要求的面积分配，满足功能要求和规范，结构合理。注意空间等级的区分和楼梯、厕所的数量与布局。主要入口的效果和主要交通空间是关键，比如门厅和主要垂直交通的安排，准备一些有趣的入口内外部空间处理方法，这是老师评图的看点之一。注意大空间在建筑形体中的位置，功能的安排合理和形体的完整统一。建议平面采用具有一定模数关系的网格系统，有利于和谐统一。

建筑形体要有处理，应当顺应地形，符合城市设计要求，尽量简洁、规整、几何化。对于现代建筑，采取构成的手法处理会比较容易出效果。比如先保证一个原型或母体，再适当进行变异，则可以取得很好的效果；平面不要过于复杂，尤其尽量少用曲线和弧线，若要用的话，也要安排在无关紧要的空间和功能布置；结构一定要上下对得上，柱网规则、整齐，便于结构的布置，能节省时间减少麻烦。

总结来看，在方案设计中要注意设计过程中步步为营，不要彻底否定原来方案；以任务书为准，强调客观的正确性；以简单、熟悉的方法处理设计问题和表达设计；图纸完整，符合规定要求，制图规范，注意比例。

此外，还不能忽视总平面的设计。各项图纸论重要性应该依次是一层平面——总平面——透视图（轴侧）——立面——剖面，但实际中总平面却往往被忽视，其实作出多个总平面构思进行比选是方案设计的起点，方案解决的好坏，总平面起很关键的作用，它对于表达总体构思，呼应环境，体现场地设计内容有着很重要的意义。

三是设计表达的要点。

设计的表达最重要的是大的图面效果。各张图、各部分图纸的深度要一致：不能平面画得很细，剖面只有几根线；透视画得很丰富，而立面上却没有一棵树；最忌讳缺图，要被扣掉很多分数。现在的考试图幅一般都是要求 A2 图纸的大小，透视图一般画 A3 大小，太大了不容易画深入，还浪费时间，尤其是建筑主体不宜过大，否则会显得有点傻。如果构图有需要，可以把总平面或透视图中的建筑环境做得舒展一些并融合到其他图纸里。

要加强构图能力的训练，也就是排版。由于考试时间紧张，不可能在全部定稿图完成后再排版。因此在一层平面、主立面、透视图等主要图纸完成后就可以以其为依据进行排版了。排版的基本原则是构图均衡、重点突出、图文均衡。虽然方案能力是快题考试考查的核心，但是表达能力的好坏却能体现应试者的设计基本修养和基本功，同时，整洁富有表现力的图面也能带给评阅者良好的第一印象。

好的图面都应有一个视觉中心，而位于这个视觉中心的，则应该是一层平面或透视图这样的主要图纸。整个图面应均衡，若出现"偏沉"的问题，可以通过文字、色块等手段加以调整。设计标题的大字位置应留有合适位置，不能最后硬塞，常用文字的书写平时一定要练好，以免在最后草草而就而给人以草、乱的感觉，影响整体效果，反而起不到锦上添花的作用。

应注意一点，在研究生快题考试中，专业办学历史悠久的学校都有自己的传统表现风格和考察目的。比如天大一直是拷贝纸＋铅笔，侧重考察应试者快速表达设计意图和设计成果的能力；东南是绘图纸＋钢笔淡彩，而同济则喜好硫酸纸＋马克笔表达。显然，考哪个学校，就按照哪种风格准备，若是报考院校没有特殊要求，则选取自己最擅长的表达方式。

设计院招聘的快题考试，一般没有考研那么多要求，只要掌握好一种表现手段就可以过关了。对于手头功夫不好的同学，设计表达要扬长避短，用色尽量采用色块，颜色不宜多，运用个人擅长的手法，掌握一套程式化的表现方法：将平面用色、立面用色、透视用色等都固定好，人、车、树、草找好的样子背熟，是比较实际有效的。此外，在尺规线条的基础上加以熟练的徒手线条进行丰富，更能显示你的设计修养。

5.2.4　快题考试实例评析

本节共六个典型实例，涉及了较多的表现方法和设计时长，结合评析，使大家对前文所总结的经验得以形象地感知。实例选取自近几年我校建筑学专业学生考研准备时所做的快题模拟练习，以供大家参考。

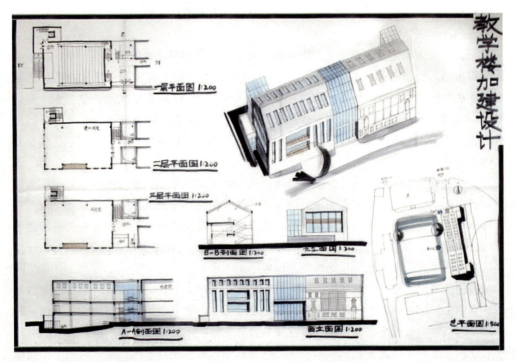

图5-1　教学楼加建快题设计

实例 1：教学楼加建设计（图 5-1）

　　设计者：张赫

　　表现方法：墨线 + 马克笔

　　用纸：硫酸纸

　　图纸尺寸：A2

　　用时：3 小时

　　评析：这是最近几年同济比较典型的 3 小时考研快题，任务是对原有教学楼的加建设计，对建筑功能、结构以及造型的考核难度增加，重在考察学生对方案的解决能力。

　　学生在短时间内，比较全面地完成了设计要求，平面布局合理，剖面考虑充分，能注意门的开启方向等；图面表达较为细腻，构图均衡稳重；马克笔的用色以蓝灰结合，图面协调，但轴测图中的笔触和配景树的表现略显随意，总平面中漏掉经济技术指标等说明。

实例 2：画廊设计（图 5-2）

　　设计者：李双哲

　　表现方法：墨线 + 马克笔

　　用纸：硫酸纸

图 5-2　画廊快题设计

图纸尺寸：A2

用时：3 小时

评析：这也是一份 3 小时的快题设计，来自报考同济大学学生的模拟训练。该方案形体规整，结构体系明确，内部空间变化丰富，体现了良好的设计思维能力；马克笔用色大胆，视觉冲击力强。构图效果完整但略显充满，大字书写潦草，字体不成块；有对方案的概念分析，但缺少对总平面的表达和经济技术指标等说明；轴测图的表现和立面造型的处理较为平淡，体快的明暗关系不突出。

实例 3：社区活动中心设计（图 5 - 3）

表现方法：墨线 + 马克笔

用纸：不透明绘图纸

图纸尺寸：A1

用时：8 小时

评析：这是一份 8 小时的快题设计，属于比较传统的题目类型。该方案平面布局合理、流线组织清晰、结构体系明确；图面构图饱满，重点突出，线条流畅造型丰富，字体书写美观，体现学生良好的设计基本功；采用灰色马克笔表现，黑、白、灰关系好，立面配景处理有层次感，对建筑轮廓线烘托较好。总平面表达不够完整，缺

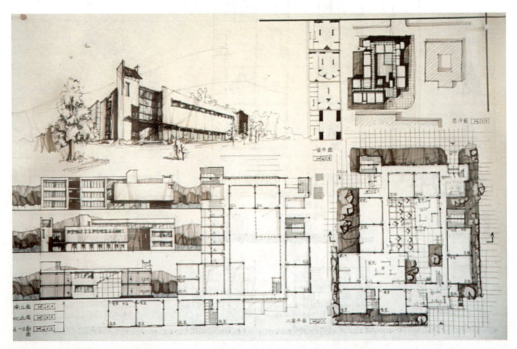

图 5 - 3　社区活动中心快题设计

少指北针和对周边现状环境的交代，漏掉必要的设计说明和经济技术指标；主入口门厅略显局促。

实例4：网球俱乐部设计（图5-4）
　　表现方法：墨线+马克笔
　　用纸：不透明绘图纸
　　图纸尺寸：A1
　　用时：8小时
　　评析：这也是一份比较典型的8小时的快题设计。图面色调清新淡雅，马克笔用色搭配协调，善于制造笔触，给人印象深刻；平面布置简洁明了，建筑形体体块完整、处理手法时代感强，一层平面和总图环境较好地融合在一起，形成色块；字体书写美观，体现设计者良好的设计基本功。总平面布置不够完善，对周边环境没有交代，未表示建筑层数，漏掉必要的设计说明和经济技术指标，平面中标高等细节需完善；透视图中左边天空处略显空，应适当加以配景丰富。

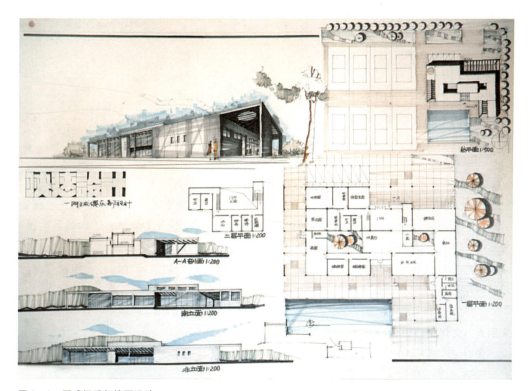

图5-4　网球俱乐部快题设计

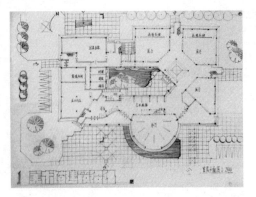
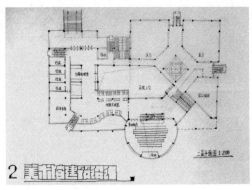
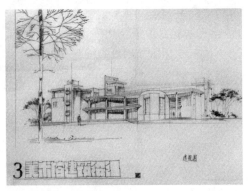
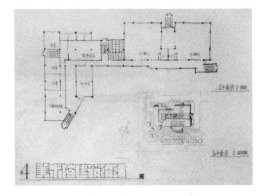

图 5-5 美术馆快题设计

实例 5：美术馆设计（图 5-5）

  表现方法：软铅笔

  用纸：拷贝纸

  图纸尺寸：A2

  用时：6 小时

  评析：这一风格代表了天津大学的快题考试要求。采用铅笔+拷贝纸的方式，将设计构思充分展示；设计深入完善，平面流线组织合理，功能处理得当，结构体系明确；方案形体完整，立面造型处理细腻、手法丰富，曲线运用自如；图面表达工整，配景表现手法成熟，大标题书写美观，设计基本功好。总平面中有关键尺寸标注，但缺少对环境的说明和基本的经济技术指标。主入口门厅面积略有不足。

实例 6：文化中心设计（图 5-6）

  设计者：周琮

  表现方法：墨线+马克笔

  用纸：半透明绘图纸

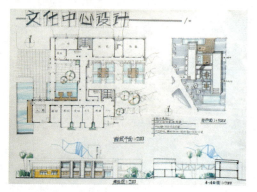
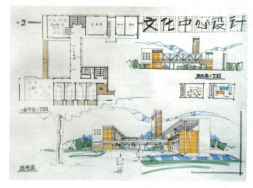

图5-6 文化中心快题设计

图纸尺寸：A1

用时：6小时

评析：这是一份报考华南理工大学的快题模拟训练，方案整体效果较好。建筑造型活泼、空间开敞通透，符合南方气候条件；图纸内容完整，构图均衡，制图规范；图面表达细腻清爽，以灰色为主色调，局部用亮色点缀效果，字体书写美观，徒手线条熟练。总平面和首层平面中的指北针方向对不上，首层的主入口位置不明显，空间引导性不强，局部楼梯的缓冲空间局促。

附录
招聘考试试题选

题目一：湖区度假村设计
题目二：妇女儿童活动中心综合楼设计
题目三：环境艺术研究中心设计
题目四：学校演播中心设计
题目五：大学城售楼中心设计
题目六：休闲俱乐部设计
题目七：文化营餐饮娱乐中心设计
题目八：销售展示中心设计

题目一： 湖区度假村设计

1. 设计条件

某旅游集团决定开发北方某湖自然景区内一临水地块。该区域风景优美、三面环水、绿化良好。建设方希望通过度假村的设计来营造一个既有园林风格又具备现代会议休闲功能的赏景佳处。

用地面积 3.22 万 m^2。南侧有联系度假村的主要道路和次要道路，绿化茂密。基地东侧临湖，基地内有一水系。西南两侧均为观景别墅区。

总建筑面积为 7000m^2，可在 10% 内上下浮动。建筑层数 2~4 层。

2. 设计要求

注意建筑与内部水系及周边环境的良好结合。建筑设计要注意地区气候特点和特定的功能要求。

3. 设计内容

(1) 客房部分

客房标准间（带卫生间标准双床间）80 间，面积 2400m^2；

客房部服务人员用房一间；

度假村门厅，总服务台，商务传真，休息等待，经理办公，后勤用房，洗衣房适当配置。

(2) 商务会议

多功能厅（配备放映间）一间，面积 400m^2；

中会议室一间，面积 100m^2；

小洽谈室两间，面积 $50 \times 2 = 100m^2$；

休息厅，走廊，卫生间适当配置。

(3) 餐饮部分

大餐厅一间，面积 400m^2；

小包间 6~8 间，面积共 200m^2；

厨房（包括备餐，主、副食加工间，冷拼，主、副食库），面积 400m^2。

(4) 室内休闲部分

茶座一间，面积 200m^2；

咖啡厅一间，面积 200m^2；

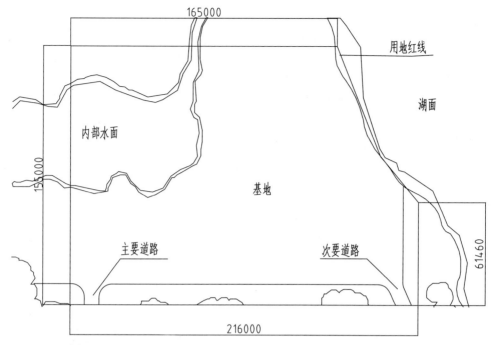

图 A1　湖区度假村地形图

棋牌四间，面积 $50 \times 4 = 200 m^2$；

书吧一间，面积 $100 m^2$；

综合健身室两间，总面积 $100 m^2$。

（5）室外休闲部分

游泳戏水池一处，面积为 $700 m^2$；

网球场一处，尺寸为 $37m \times 18m$；

更衣室、卫生间适当配置。

（6）室外停车场

建筑室外适量考虑停车场位置及临时停车位。

4. 图纸要求

总平面图 1：500；

各层平面图 1：300；

立面图 2~3 个 1：300；

剖面图 1 个 1：300；

透视图；

简要文字说明和技术指标；

图面表达形式为黑白墨线。

题目二： 妇女儿童活动中心综合楼设计

1. 设计条件

某地需建妇女儿童活动中心一座，总建筑面积（轴线）6000m² 左右，用地见图 A2。

建筑物西、北两侧后退道路红线均不得少于15m。南距地界不少于15m，东距地界不少于8m。

建筑高度应不低于20m，容积率控制在1.5m以内，绿地率不少于35%。

2. 设计要求

结合地形，外观造型新颖、美观，体现行业特点。

3. 设计内容

（1）会议展览

摄影部：120m²；

大会议室：500m²；

中会议室：240m²；

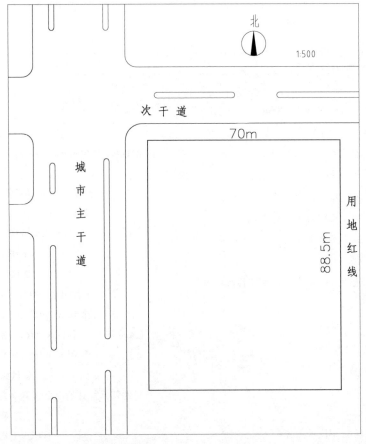

图 A2　妇女儿童活动中心地形图

小会议室：120m²；

展览：120m²。

（2）办公接待

门厅、大堂：240m²（二层空间）；

快餐厅及辅助用房：300m²；

接待室：60m²；

办公室：300m²（4×25m²，2×100m²）。

（3）活动教室

钢琴教室：160m²（2×40m²，10×8m²）；

电子琴教室：200m²（1×100m²，2×50m²）；

舞蹈教室：270m²（1×180m²，1×90m²）；

文化教室：270m²（3×90m²）；

美术教室：360m²（4×90m²）；

小记者讲故事教室：100m²（1×100m²）；

微机室，网吧：200m²（1×200m²）；

阅览室：160m²（1×160m²）。

4. 图纸要求

建筑物的各层平面图 1：200；

两个主要立面图：1：200；

总平面图：1：500；

室外效果图：1张；

设计成果表现手法不限。

题目三：环境艺术研究中心设计

1. 设计条件

项目拟建于华东沿海某高校一校园内，批准建设用地约10500m²，建筑红线内用地面积约6500m²，总建筑面积：3800m²±10%。层数为4层以下。

拟建地段用地平整、环境优美，基地西面与北面为教学楼及管理办公楼，东面为宿舍区，南面是风景优美的绿化带，用地四周绿树成荫，环境优美。

2. 设计要求

紧密结合基地情况，处理建筑与环境的关系。绿地面积不小于30%。

室外靠近主入口附近设4~5辆车的临时泊位。应有机地处理好各部分功能的关系，室内外空间组织合理。

3. 设计内容

（1）专家客房楼

供专家住宿、研究、交流之用。专家客房12套，50m²一套（每套设卧室、研究室、卫生间、阳台）；

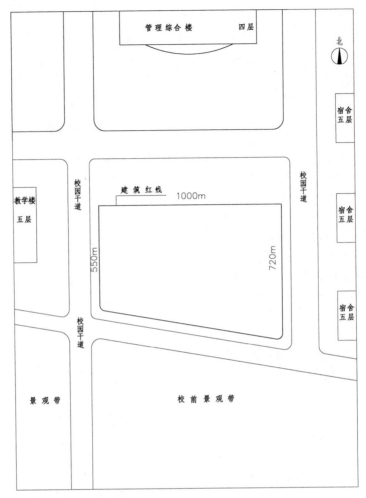

图 A3　环境艺术研究中心地形图

标准客房 24 套，每套 30m²；
服务台、值班室（带卫生间），及适当面积的接待总台、休息室。
（2）学术研究用房
报告厅（含休息、准备及控制室 60m²），250m²；
展览厅（可结合门厅、过厅、休息厅及设计），150m²；
资料室、阅览室，100m²；
研究室 8 个，40m² 1 个，共 320m²；
卫生间及辅助用房，45m²。
（3）餐饮及文娱活动用房
茶室及咖啡厅，共 80m²；
大餐厅及厨房，共 200m²；

小餐厅4个，20m²1个；
娱乐室（台球及音乐欣赏）2个，各40m²；
健身房（包括配沐浴室、卫生间），共60m²；
适当配置卫生间。
（4）管理及辅助用房
值班、内部办公、医务室、储存间，共120m²；
车库，设能停三辆小车的车库。
4. 图纸要求（墨线黑白图）
平面图：1∶200；
立面图：1∶200；
剖面图：1∶200；
总平面图：1∶500；
透视图（铅笔或墨线）；
说明（主要设计思想、经济技术指标）。

题目四： 学校演播中心设计

1. 设计条件
项目为某北方学校演播中心，位于校园内，环境见图。总面积约7000m²，层数不超过三层。
2. 设计要求
整体建筑形象及空间环境设计的创意与建筑自身性质相吻合。建筑结构合理、可行。层数酌情自定。
3. 设计内容
（1）演播及附属用房
大演播室（层高不低于20m）1个，250m²；
小演播室（层高不低于15m）1个，90m²；
编辑制作室60m²×5个；
办公室：30m²×3个；
道具库：150m²（应与演播室相邻并以与外部交通联系）；
演播附属用房（应与演播室直接相邻，便与工艺布置及使用）；
大导播室60m²，1个（临大演播室）；
灯光室40m²，1个（临大演播室）；
硅香机房30m²，1个（临大演播室）；
小导播室40m²，1个（临小演播室）；
灯光室30m²，1个（临大演播室）；
硅香机房20m²，1个（临大演播室）。
（2）演员准备用房
应与演播室联系方便。

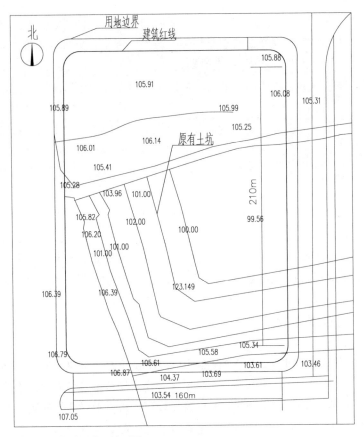

图 A4 学校演播中心地形图

化妆室：（男）50m², 1个；

化妆室：（女）50m², 1个；

休息室：30m²×3个；

候播室：80m²。

（3）培训用房

培训教室：100m²×10个；

实习录音室：20m²×20个；

实习暗室：15m²×30个（可不采光）；

编辑实习室：50m²×10个。

（4）辅助用房

门厅、服务及卫生间等按需要设置。

4. 图纸要求

总平面图 1∶500；

各层平面图 1∶200；

主要立面图 1∶200（不少于 2 个）；
主要剖面图 1∶200；
主要方向透视效果图；
简要说明，经济技术指标。

题目五： 大学城售楼中心设计

1. 设计条件

售楼中心拟建于华南某大学园教职工生活区东北角。其功能主要定位于整个住宅区的销售、展示中心。

2. 设计要求

建筑应结合坐落区位，合理规划总图，功能分区明确，确定合理的交通流向，设计适当的水景、绿化、小品景观，入口应设 6~8 个临时停车位，能够展示所在楼盘的规模、档次、品位。同时，应考虑几年后可通过适当调整、改造，作为酒店、会所、或办公等高档商务建筑。总建筑面积 4000m^2，层数 2~4 层。

3. 设计内容

（1）一层功能

沙盘区 200m^2，布置大学园总体规划和本项目沙盘模型；

展示区 500m^2，空间中央区域为户型模型摆放区，四壁挂板展示住宅区效果图、户型图、项目说明、领导照片题字等；

客户接待区 150m^2，接待普通客户，摆放 5~8 组圆形洽谈桌，就近设售楼书、典型合同展示区；

贵宾接待室（2 个）100m^2；

办公区：分设财务、工程、物业、档案等部门（亦可根据布置需要设在二层）；30m^2 1 个；

影音室 100m^2，利用多媒体动态展示西部新城的人文、自然环境和本项目资料；

另外，一层大厅应考虑客户去工地看房的通道出口，合理组织售楼中心的人流。

（2）二层功能

建筑材料展示区：200m^2，本项目采用高新技术或材料；

样板间展示区：预留设置 3 套样板间的位置，每套样板间建筑面积 150m^2 左右，与实物 1∶1 设置；

其他必要功能房间。

（3）三层功能

三层作为客户聚会、联谊等活动的场所，设置多功能厅和小会议室。小会议室（2 个），每个 100m^2。

（4）辅助功能

层高结合空间功能考虑。每层设男女卫生间。

4. 图纸要求：

总平面图 1∶500；

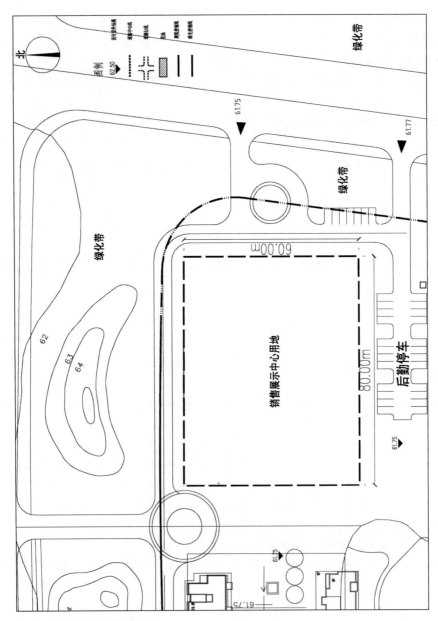

图 A5 大学城售楼中心地形图

各层平面图 1∶200；
主要立面图 1∶200（不少于 2 个）；
主要剖面图 1∶200；
主要方向透视效果图；
简要说明，经济技术指标。

题目六： 休闲俱乐部设计

1. 设计条件

休闲俱乐部选址在东部沿海城市风景名胜区的山脚下，三面环山，北面有一条大路。用地十分平坦，但是形状不规则，基本上呈扁担形。休闲俱乐部的人流应于场地中段统一进入，然后分散至各个部分活动。

2. 设计要求

设计应立足于与自然环境结合的风景区建筑，是会所式的，2～3层。人流可由二环路进入，建筑可分别设置，以连廊连接。建筑与周边自然环境以及室外剧场、运动场地要结合设计。

另需紧密结合基地情况，处理好各部分功能的关系，确保室内外空间组织合理。整体建筑形象及空间环境设计在创意上与建筑自身性质相吻合。

绿地面积不小于30%。室外靠近主入口附近设10～15辆车的临时泊位。功能划分为餐饮、公共空间和客房服务三大块，总面积5600m²。

3. 设计内容

（1）餐饮部分

大餐厅	$100 \times 2 = 200m^2$；
中餐厅	$50 \times 4 = 200m^2$；
小餐厅	$35 \times 8 = 250m^2$；
厨房	$150 \times 2 = 300m^2$；
备餐	$30 \times 2 = 60m^2$；
服务	$10 \times 2 = 20m^2$；
卫生间	$20 \times 2 = 40m^2$。

（2）客房部分

双套房	$60 \times 4 = 240m^2$；
小客房	$30 \times 8 = 240m^2$；
服务用房	$10 \times 2 = 20m^2$；
酒吧	$60m^2$；
会议室	$80m^2$；
茶室	$60m^2$。

（3）娱乐休闲

多功能活动室	$150m^2$；
中活动室	$60 \times 4 = 240m^2$；
小活动室	$30 \times 4 = 120m^2$；
茶室	$120m^2$。

（4）公共空间

门厅、服务、接待、贵宾室、楼梯间及卫生间、室外连廊等层数酌情自定。

（5）室外活动场地

露天茶座
露天剧场　　　　60m² （参考面积）；
篮球场　　　　　18m×31m；
网球场　　　　　18m×36m。

4. 图纸要求：

总平面图 1：500；

各层平面图 1：200；

主要立面图 1：200（不少于2个）；

主要剖面图 1：200；

主要方向透视效果图；

简要说明，经济技术指标。

题目七： 文化营餐饮娱乐中心设计

1. 设计条件

根据总体规划的定位，餐饮娱乐中心位于南方某自然风景区文化营西南部。营地另外三座建筑环绕于本中心东侧，地势较低。餐饮娱乐中心占据了地势较高的丘陵位置，使其成为协调组织

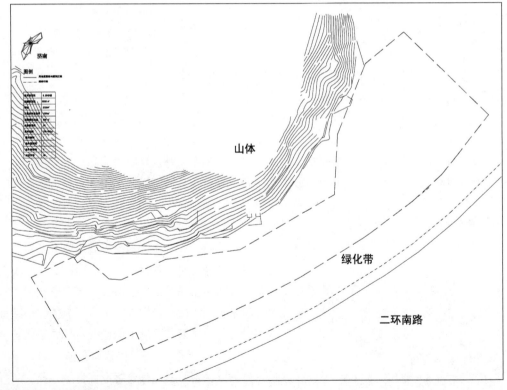

图 A6　休闲俱乐部地形图

建筑环境的主角。

2. 设计要求

三座现状建筑风格简洁、明快、现代，方案应同样为现代风格，促使营地与其外部的自然信息形成对话关系。

3. 设计内容

（1）娱乐部分

门厅、总台面积酌情自定。

休息室　　　　　$25m^2$；
衣帽间　　　　　$15m^2$；
舞厅　　　　　　$400m^2$；
包厢区　　　　　$150m^2$；
VIP 包间　　　　$25 \times 6 = 150m^2$；
酒吧　　　　　　$100m^2$；
茶座　　　　　　$100m^2$。

（2）餐饮部分

大餐厅　　　　　$200 \times 3 = 600m^2$；
中餐厅　　　　　$45 \times 10 = 450m^2$；

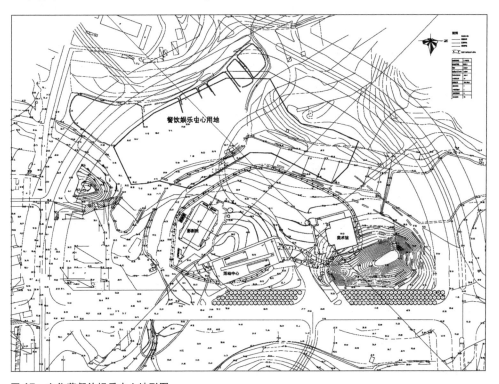

图 A7　文化营餐饮娱乐中心地形图

小餐厅	30×20 = 600m²；
厨房	300×2 = 600m²；
办公室	25×6 = 150m²；
库房	60×2 = 120m²；
备餐	60×2 = 120m²。

（3）后勤部分

更衣室	60×2 = 120m²；
办公室	25×4 = 100m²；
配电室	120m²；
空调机房	250m²；
库房	30m²。

4. 图纸要求：

总平面图 1：500；

各层平面图 1：200；

主要立面图 1：200（不少于2个）；

主要剖面图 1：200；

主要方向透视效果图；

简要说明，经济技术指标。

题目八： 销售展示中心设计

1. 设计条件

某啤酒城销售展示中心担负着为国际啤酒城项目招商、开发及销售提供与项目定位相匹配的场所，同时满足区域总部办公的相关要求。总建筑面积约为4000m²，使用周期暂定为4年，亦可按照长久使用考虑。

2. 设计要求

不影响啤酒城整体开发计划，保证场所功能要求效率最大化，满足对外招商、销售的使用要求。

满足总部内部办公停车与外来车辆停放要求，车位30辆。健身活动可结合屋顶平台设置。尽可能靠近交通干道。解决好不同交通进出、流线的组织。

方案不求奢华求品味。平面设计除满足功能要求外，应充分体现房地产企业办公特点，设计室内生态空间（阳光间、绿化中庭、空中花园等），并体现人性化现代办公理念，充分体现结构美。

3. 设计内容

（1）区域总部办公要求

单独办公室、会议室：

| 总裁办公室： | 1间 | 30m²； |
| 副总裁办公室： | 2间 | 25m²/每间； |

财务部办公室：	2 间	（部门人员 10 人，1 间 $40m^2$，1 间 $20m^2$）；
人力资源办公室	1 间	$15m^2$；
资料室：	3 间	（1 间 $50m^2$，2 间 $20m^2$）；
大会议室：	1 间	$50m^2$/每间；
小会议室（洽谈室）	5 间	$25m^2$/每间。

大空间办公区：

各部门总经理办公区标准： $10m^2$/每人；

各部门副总经理办公区标准： $10m^2$/每人；

各部门职员办公区标准： $5m^2$/每人。

各部门人员组成：

综合协调部：12 人

总经理： 1 名；

副总经理： 2 名；

职员： 9 名。

开发部：6 人

总经理： 1 名；

副总经理： 1 名；

职员： 4 名。

工程管理部：8 人

总经理： 1 名；

副总经理： 1 名；

职员： 6 名。

成本合约部：16 人

总经理： 1 名；

副总经理： 2 名；

职员： 13 名。

营销策划部：10 人

总经理： 1 名；

副总经理： 1 名；

职员： 8 名。

规划设计部：15 人

总经理： 1 名；

副总经理： 2 名；

职员： 12 名。

（2）啤酒城开发公司办公要求

单独办公室、会议室：

总经理办公室： 1 间 $30m^2$；

副总经理办公室： 1 间 25m²；
资料室： 1 间 50m²
大会议室： 1 间 50m²/每间；
小会议室（洽谈室） 3 间 25m²/每间。
顾问、设计管理单位等外协部门办公区：
按20人办公标准设置，办公区标准：5m²/每人。

（3）销售展示中心功能要求

销售展示部分需要设置载客梯1部。

功能分区建议：

会客区、签约区、休息区、办公区、集中展示区和影视区。

展示内容建议：

企业品牌及发展展示、地区总部展示、开发项目展示、建材和智能系统展示。

（4）辅助部分要求

每层均设男女卫生间。集中设置内部更衣室，附设淋浴间；酌情设置储藏室、服务间。层高要求结合空间功能考虑。

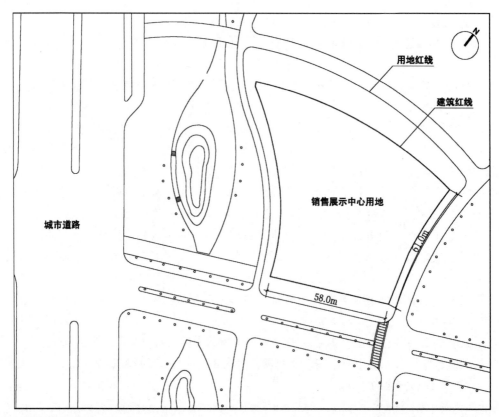

图 A8　销售展示中心地形图

4. 图纸要求

总平面图 1∶500；

各层平面图 1∶200；

主要立面图 1∶200（不少于2个）；

主要剖面图 1∶200；

主要方向透视效果图；

简要说明，经济技术指标。

参考文献

[1] 吴良镛. 国际建协《北京宪章》——建筑学的未来. 北京：清华大学出版社，2002.

[2] 山东省建设厅执业资格注册中心. 注册建筑师考试手册,（第二版）. 济南：山东科学技术出版社，2005.

[3] 胡振宇，林晓东. 建筑学快题设计. 南京：江苏科学技术出版社，2007.

[4] 薛家勇. 快题设计表现. 上海：同济大学出版社，2008.

[5] 黎志涛. 快速建筑设计100例. 南京：江苏科学技术出版社，2009.

[6] （英）马里亚诺维奇等. 实习与就业指导. 朱莹等译. 北京：中国建筑工业出版社，2009.

[7] 段德罡，王兵. 建筑学专业业务实践. 武汉：华中科技大学出版社，2008.

[8] 田利. 当代建筑师社会角色的变化与思维特征//全国高等学校建筑学学科专业指导委员会. 2008全国建筑教育学术研讨会论文集. 北京：中国建筑工业出版社，2008：68-72.

[9] 城卯，陈楠. 我国的注册建筑师执业资格考试制度. 中国建设教育，2005（3）.

[10] 陈章洪，王维汉等. 建设单位（甲方）代表手册. 北京：中国建筑工业出版社，2000.

[11] 薛求理. 中国建筑实践，北京：中国建筑工业出版社，2009.

[12] 姜涌. 建筑师职能体系与建造实践. 北京：清华大学出版社，2005.

[13] 刘金昌，李忠富主编. 建筑施工组织与现代管理，北京：中国建筑工业出版社，2005.

[14] 国家建筑标准设计图集，05SJ810. 建筑实践教学及见习建筑师图册. 北京：中国建筑标准设计研究院，2005.

[15] 中华人民共和国住房和城乡建设部编. 建筑工程方案设计招标投标管理办法. 北京：中国建筑工业出版社，2008.

[16] 中华人民共和国住房和城乡建设部编. 建筑工程设计文件编制深度的规定. 2008.

[17] 房屋建筑制图统一标准 GB/T 50001—2001

[18] 总图制图标准 GB/T 50103—2001

[19] 建筑制图标准 GB/T 50104—2001

[20] 建设部工程质量安全监督司与行业发展司中国建筑标准设计研究院编. 全国民用建筑工程设计技术措施-规划·建筑. 北京：中国计划出版社，2003.

[21] 建设部工程质量安全监督司中国建筑标准设计研究院编. 全国民用建筑工程设计技术措施-建筑. 北京：中国计划出版社，2008.

[22] 强制性条文咨询委员会编. 工程建设标准强制性条文：房屋建筑部分. 北京：中国建筑标准设计研究院，2009.

[23] 城市居住区规划设计规范 GB 50180—93（2002年版）

[24] 住宅建筑规范 GB 50368—2005
[25] 汽车库建筑设计规范 JGJ 100—99
[26] 建筑设计防火规范 GB 50016
[27] 高层民用建筑设计防火规范 GB50045－95（2005 年版）
[28] 李永福，史伟利，张绍河．建设法规．北京：中国电力出版社，2008．
[29]（美）约瑟夫 A．德莫金．建筑师职业手册．葛文倩译．北京：机械工业出版社，2005．
[30] 邹志生，张鹏振等．实用文书写作教程．武汉：武汉大学出版社，2007．
[31] 中华人民共和国住房和城乡建设部网站：http：//www.mohurd.gov.cn/
[32] 国家工程建设标准化信息网站：http：//www.ccsn.gov.cn/
[33] 国家建筑标准设计网站：http：//www.chinabuilding.com.cn/